BIBLIOTHÈQUE
DU CULTIVATEUR
ET DU PROPRIÉTAIRE RURAL.

L'ART
DE RÉCOLTER ET DE CONSERVER
LES FRUITS,

FRAIS ET DANS LEUR ÉTAT NATUREL,

PENDANT L'HIVER;

Etc., etc.

PAR P. DOUBLET.

PRIX : 1 FR. 50 C.

A PARIS,
AU BUREAU DE LA BIBLIOTHÈQUE DU CULTIVATEUR
ET DU PROPRIÉTAIRE RURAL,
RUE DE L'ARBRE-SEC, N°. 22.
1828.

R
640

L'ART
DE RÉCOLTER ET DE CONSERVER
LES FRUITS.

IMPRIMERIE DE GUEFFIER,
RUE MAZARINE, N°. 23.

L'ART

DE RÉCOLTER ET DE CONSERVER

LES FRUITS

FRAIS ET DANS LEUR ÉTAT NATUREL

PENDANT L'HIVER;

SUIVI

DE CONSEILS POUR PRÉPARER LES FRUITS SECS.

Ouvrage où l'on trouvera l'Indication des Qualités des Fruits sous le rapport hygiénique; les Moyens de hâter ou de retarder la maturité; des Conseils sur la manière de poser les Fruits, et de les emballer pour les faire voyager, etc., etc.

PAR P. DOUBLET.

A PARIS,

AU BUREAU DE LA BIBLIOTHÈQUE DU CULTIVATEUR

ET DU PROPRIÉTAIRE RURAL,

RUE DE L'ARBRE-SEC, N°. 22.

1827.

PRÉFACE.

Les fruits occupent incontestablement, après les céréales et les légumes, le rang le plus important parmi les alimens que la nature nous fournit avec abondance. Malheureusement la plupart sont formés d'une pulpe délicate ; bientôt atteints d'une dissolution rapide ou d'une fermentation inévitable, ils échappent à nos besoins comme à notre gourmandise, et il n'est personne qui ne ressente vivement leur absence pendant cette saison rude et triste où une chaleur artificielle et rarement bien calculée altère notre santé et rend nécessaires ces alimens frais et sains qui font la force et la santé de l'homme des champs.

Toutefois, il est possible de garder les

fruits au-delà de l'époque fixée par la nature, et de l'arrêter en quelque sorte un moment dans sa marche : les moyens à employer sont simples, faciles à exécuter, et à la portée de toutes les bourses ; ce n'est qu'une suite non interrompue de précautions, dont la réunion forme ce qu'on pourrait appeler l'hygiène des fruits. Le but de notre ouvrage est de mettre tout le monde à même de les prendre et d'arriver au but si rarement atteint par les personnes qui s'occupent de la *conservation des fruits*.

Les soins commencent un peu avant la maturité : nos conseils se multiplient sur le moment si important et si décisif de la récolte, et nous conduisons nos préceptes jusqu'à l'instant où tous les soins, tous les efforts doivent céder aux lois irrésistibles de la destruction : et là même, en reconnaissant notre défaite, nous avons l'avantage d'en indiquer le moment précis, et de mettre chacun à même d'en éviter les résultats.

Nous avons eu soin d'indiquer les qualités de chaque fruit, avantageuses ou nuisibles à la santé ; nous désignons les espèces et variétés d'arbres qui produisent les fruits les plus savoureux, et sans donner de recettes, nous fesons connaître à quel genre de confitures, compotes, sirops, etc., convient tel et tel fruit. Quant aux recettes pour faire ces différentes sortes de conserve, nous renverrons à un excellent petit ouvrage, qu'on ne doit pas confondre avec le nôtre, quoique les titres se ressemblent beaucoup : c'est *l'Art de conserver et d'employer les Fruits* (1). Il ne s'occuppe que de la manière de conserver les fruits en les dénaturant par la cuisson et par leur mélange avec d'autres substances, tandis que nous, notre but est de les conserver *frais* ; et ce n'est que sur la demande de plusieurs personnes que nous nous sommes décidés à donner quelques conseils pour préparer les fruits secs.

L'auteur se hâte de déclarer, en livrant son livre au public, qu'il n'a pas la prétention et qu'il n'a pas commis la faute de chercher à offrir des découvertes neuves. C'est

(1) Un vol. in 12, prix 1 fr. 50 cent. Chez Audot, libraire, rue de Sorbonne, et au bureau de la *Bibliothèque du Propriétaire et Cultivateur rural.*

le résultat de beaucoup d'essais et d'une longue expérience qu'il fallait offrir aux amateurs ; il se plaît donc à déclarer qu'il s'est borné à vérifier l'utilité des conseils donnés par La Bretonnerie, Rozier, et autres savans agronomes, et que ce sont eux qui sont les véritables auteurs de son livre.

L'ART
DE RÉCOLTER ET DE CONSERVER
LES FRUITS
FRAIS ET DANS LEUR ÉTAT NATUREL
PENDANT L'HIVER.

CHAPITRE PREMIER.

Du Fruit.

On nomme fruit la graine et l'enveloppe de la graine de certains arbres et de certaines plantes. Le fruit succède à la fleur, et préserve des rigueurs de l'hiver, de l'âpreté des sécheresses et des attaques des animaux, le germe qui doit donner naissance à une nouvelle plante. C'est ainsi que la pulpe du melon et de la pomme, le brou et le cuir de la châtaigne, le bois de l'amande, etc., sont destinés par la sage nature à garantir la graine qui doit se développer aux premiers rayons d'un soleil printannier.

Parmi les fruits que l'hygiène ou notre gourmandise ont destinés à nous servir d'alimens et dont la ménagère compose ses desserts, on distingue :

Les fruits *à noyaux* : les prunes, cerises, pêches, abricots, etc. ;

Les fruits *à pepins* : les pommes, poires, fraises, groseilles, etc. ;

Les fruits *à bois*, ou ligneux : les noix, noisettes, amandes, etc. ;

Les fruits *à robe* : les marrons, châtaignes.

On appelle *fruits rouges* ceux qui ont cette couleur, qui sont peu volumineux, et où l'acide et le sucre se trouvent réunis : tels sont les cerises, groseilles, etc. Ils abondent en juillet, et sont salubres à presque tout le monde. Enfin, on divise encore les fruits selon la saison à laquelle ils appartiennent : *fruits d'été*, *fruits d'automne*, *fruits d'hiver*.

Les fruits *rouges* et les fruits *à noyaux* sont des fruits d'été, et ne peuvent guère se conserver. Les fruits *à pepins* (non rouges), au contraire, sont presque tous des fruits d'arrière-saison, et se conservent bien. Quant aux fruits *à bois* et *à robe*, ce sont ceux dont la provision se conserve le plus longuement.

CHAPITRE II.

De la maturité du Fruit, et des moyens de la hâter ou de la retarder.

On ne doit faire la récolte des fruits qu'au point de leur maturité. Les fruits pulpeux, dit Valmont de Bomare, sont mûrs lorsque, en les tâtant avec la main, ils obéissent sous le pouce : tels sont l'abricot, la pêche et la plupart des prunes ; d'autres doivent se détacher d'eux-mêmes, ou à très-peu de chose près : tels sont le brugnon, la pavie, la pêche violette. Plus les saisons sont pluvieuses, plus tard les fruits mûrissent ; mais en quelque temps que les fruits mûrissent, il n'en faut faire la récolte que dans de beaux jours...

Bien des personnes accélèrent la maturité des fruits, ou par la chaleur du fumier ou par la chaleur du poële. Ce moyen de présenter au dessert des espèces de fruits dans une saison où on ne les attend pas est le triomphe de l'art du jardinier ; mais néanmoins il ne peut dompter entièrement la nature, et ces fruits prématurés sont ordinairement sans saveur et sans parfum.

C'est par l'habitude qu'on parvient à saisir le point juste de maturité ; en général, à l'exception d'un petit nombre de fruits, il y a moins d'inconvéniens à récolter un peu trop tôt que trop tard : cependant les fruits trop prématurément cueillis (et nous indiquerons ceux qui, par exception, ne sont pas dans ce cas) se rident, se fanent, se dessèchent, et il n'y reste que la peau et le cœur pierreux sans jamais mûrir.

On connaît la parfaite maturité des fruits, en général, dit l'auteur de l'*École du Jardin fruitier*, quand ils ont tout-à-fait changé de couleur, qui devient plus claire, de mate qu'elle était ; qu'ils ont pris une couleur jaune partout, sans aucune teinte de vert.

On peut retarder la maturité des fruits, disent les auteurs d'un *nouveau Dictionnaire d'Agriculture*, en entourant quelque temps avant qu'ils y arrivent les arbres de paille ou de nattes ; c'est-à-dire en interceptant l'action de l'air et des rayons du soleil. Les fruits mûrissent alors quelques mois plus tard qu'ils ne le font communément. C'est ainsi qu'on peut se conserver pour l'automne des groseilles ; d'autres fruits qui ne mûrissent qu'en automne peuvent rester sur l'arbre jusqu'au commencement de l'hiver, pourvu toutefois qu'il ne vienne pas de froid trop vite. On cueille aussi dans le même but les fruits quelque temps avant leur maturité, avec une partie du rameau auquel ils sont suspendus ; mais il faut bien se garder de les secouer ou de les toucher. Il est bon d'attacher une ficelle à la branche et de couper celle-ci un peu plus haut, en sorte qu'on puisse la suspendre sans la toucher. On garnit la section avec de la poix ou de la colle, et on porte dans un lieu frais. Si on peut suspendre dans une boîte ou caisse, cela n'en vaut que mieux ; mais ce qui serait supérieur à tout, serait de couvrir la branche d'un vaste cornet de papier fermé à sa base bien hermétiquement sans comprimer aucune des parties renfermées. On a vu des fruits ainsi disposés se conserver pendant deux ans.

Le gouvernement des fruits avant de les cueillir, selon La Bretonnerie, consiste principalement dans la manière de découvrir ceux d'espalier, particulièrement les pêches, les abricots, les raisins, en ôtant *peu-à-peu* et à propos quelques feuilles, qui les couvrent trop, quand ils commencent à tourner et à blanchir du côté où le soleil n'a point frappé, et le raisin lorsqu'il s'éclaircit et devient transparent, ce qui arrive environ quinze jours avant la maturité parfaite de ces fruits. (*Voy.* au *Calendrier* qui est joint à cet ouvrage, les avis donnés sur cette opération aux mois de juin et suivans.)

Dans certains fruits, l'époque entre la maturité parfaite et le moment de l'altération de la qualité est très-courte : dans d'autres, elle se prolonge assez long-temps. C'est ainsi qu'un prunier, un poirier d'été, donnent un fruit parfait pendant dix à douze jours au plus : une poire de beuré dure quinze à vingt jours ; les crezanes, messire Jean, un mois ; les St.-Germain, les Colmar, les virgouleuses, six semaines et quelquefois deux mois.

Les orages hâtent et décident la maturité des fruits : faites donc la visite de vos espaliers sitôt après qu'il y en aura eu un. Les pêches surtout ressentent vivement leur influence. (*Voy.* l'article PÊCHE.)

Quand on craint qu'une circonstance quelconque décide la chute du fruit à maturité avant qu'on ait pu le cueillir, on le soutient avec des petites fourches ou bandelettes, ou bien on couvre le devant de l'espalier ou le dessous de l'arbre, de paillassons qui amortissent la chute et préviennent la meurtrissure.

CHAPITRE III.

De la Cueillette des Fruits.

IL n'est pas très-facile de donner des préceptes certains et incontestables sur la cueillette ou récolte de toutes les espèces de fruit ; car si l'on consulte les cultivateurs les plus expérimentés on recevra autant de réponses différentes qu'on aura fait de demandes ; il est à remarquer en outre que le climat et la saison, l'exposition et la nature du sol peuvent apporter des modifications à des règles que l'intelligence de celui qui les applique doit modifier selon les circonstances.

Nous allons exposer les principes généraux indiqués par Rozier et autres, et nous ferons connaître, dans un autre chapitre, les règles qui sont applicables à chaque espèce, à chaque genre en particulier.

Un jardinier intelligent cueille les *fruits d'été* seulement quelques heures avant de les faire servir sur table et à mesure qu'ils mûrissent ; ils ont le temps de perdre la chaleur qui leur a été communiquée par les rayons du soleil, et surtout de laisser évaporer une partie de l'eau surabondante de végétation qu'ils contiennent, et peut-être de leur air fixe. L'expérience journalière prouve que la même quantité de fruit, prise sur l'arbre, et mangée aussitôt, incommode, donne des vents, dérange l'estomac, souvent occasione le dévoiement, tandis que la même quantité, mangée plusieurs heures après avoir été cueillie, n'incommode point. Le fruit cueilli pendant la grande chaleur, et mangé aussitôt, est moins malfaisant que celui cueilli le matin, et chargé de rosée.

Il n'y a aucune comparaison à faire entre le

goût et le parfum d'un fruit mûri sur l'arbre, et celui d'un semblable fruit cueilli trop tôt, qui a complété sa maturité sur la paille ou sur des planches.

Le fruit d'hiver doit rester sur l'arbre aussi long-temps qu'il est possible de le conserver sans craindre les gelées : les petites rosées blanches de l'automne ne l'endommagent pas. On a un signe bien certain de l'époque à laquelle il doit être cueilli, dans les feuilles même de l'arbre. Tant qu'elles restent vertes, qu'elles ne jaunissent, ne rougissent point, c'est une marque évidente que la sève monte encore dans les branches, et que le fruit profite sur l'arbre. Pourquoi donc, par une avidité ou une précaution mal entendue, devancer ce moment? Conformez-vous aux lois de la nature, c'est le parti le plus sage.

Lorsque le moment de la cueillette approche, il faut attendre, autant qu'il est possible, que le vent du nord ait soufflé depuis quelques jours; que le ciel soit beau, sans nuage, et la chaleur forte relativement à la saison : il sera moins pénétré d'humidité, et se conservera mieux. Le moment de le cueillir est depuis midi jusqu'à trois heures, et jusqu'à quatre tout au plus.

On détachera de l'arbre chaque fruit séparément et à la main; on le placera doucement dans un panier, sans casser la queue ni le meurtrir : tout fruit meurtri, pressé, ou dont la peau a été endommagée d'une manière quelconque, ne saurait se conserver.

La Quintinie se réglait, pour cueillir les fruits d'automne, sur la maturité des muscats, car si le muscat mûrissait de bonne heure, il jugeait que l'année était hâtive et qu'il pouvait cueillir ses fruits; s'ils mûrissaient tard ou point du tout, il jugeait qu'elle était tardive, et les laissait plus long-temps sur les arbres.

On cueille communément, dit un agronome, les poires d'automne vers le 15 septembre; les pommes de reinette tendre, comme la reinette du Canada et autres espèces hâtives, après cette époque; les poires d'hiver et les pommes de reinette franche, vers le 15 octobre; les pommes d'api et les poires de bon chrétien d'hiver huit ou dix jours plus tard. (*Voy.* pour complément d'instruction, ce qui est dit à chaque fruit en particulier au Calendrier et pag. 25.)

CHAPITRE IV.

Du Fruitier.

Nous exposons dans cet article les avis des agronomes les plus estimés sur le choix et la disposition des lieux propres à conserver les fruits;

mais indépendamment de ces deux conditions, il est des principes qui sont de tous les temps et de tous les lieux, et nous allons d'abord les préciser.

Les fruits qu'on cueille *avant parfaite maturité* ont besoin pour mûrir d'air, de chaleur et de lumière : telles sont certaines pommes et poires, etc.

Les fruits cueillis *à maturité parfaite*, se conservent d'autant mieux qu'ils sont moins exposés à l'influence de l'air : tel est le raisin qui, *mis bien sec* dans un vase qu'on remplit ensuite de millet, de cendre, etc., se conserve au mieux.

Une condition de la conservation du fruit est qu'il soit préservé également du froid ou de l'humidité : peu importe que le lieu choisi soit une cave ou un grenier, boisé ou voûté, pourvu que l'influence de l'un ou de l'autre ne se fasse pas ressentir.

Dans une cave ou caveau on n'a aucune précaution extraordinaire à prendre pendant les grands froids, si ce n'est de boucher les soupiraux ; dans un grenier ou toute autre pièce élevée au dessus du sol, couvrez le fruit soit avec de la paille, de la mousse, une couverture, etc., et pendant les fortes gelées, un réchaud rempli de charbons allumés et placé momentanément, n'entraîne aucun inconvénient. Toute fruiterie doit avoir doubles portes et doubles fenêtres, et les portes doivent se fermer promptement quand on y entre. Si l'on peut placer son fruit dans des armoires ou dans des tiroirs, les tiroirs sont préférables.

Chaque fruit doit être séparé l'un de l'autre d'environ un pouce ; visite doit être souvent faite pour enlever le fruit qui se gâte : tout sujet meurtri doit être exclu du fruitier ; les rats, souris, insectes, doivent en être éloignés avec précaution.

On recommande de poser le fruit, soit sur du papier, soit sur de la mousse, soit sur du sable ; des paillassons, des claies, sont aussi recommandés. Cependant, à l'exception des poires de bon chrétien d'hiver, tout fruit peut se conserver posé sur le bois nu, pourvu qu'il soit propre et un peu lisse.

C'est à tort qu'on conseille de donner de l'air à la fruiterie chaque fois que le temps est beau. Ce renouvellement d'air, ou précipite le dernier degré de maturité, ou décide la corruption.

On doit donner une fruiterie particulière aux fruits qui, tels que le coing, etc., exhalent une odeur forte.

Passons maintenant aux conseils généraux donnés par les personnes qui ont fait une étude particulière de la conservation des fruits.

On ne parvient à conserver les fruits, surtout ceux d'hiver, qu'en les mettant à couvert de l'impression de l'air, dans la fruiterie. Une fruiterie, pour être bonne, doit avoir des murs épais, n'être ni dans un grenier, où l'air est trop froid, ni dans un cellier, où il est trop humide : mais dans un lieu sec, au rez-de-chaussée, les fenêtres tournées au nord : avec cela de bons châssis, doubles portes et doubles rideaux partout, sans quoi l'humidité pourrira une partie du fruit, le froid flétrira le reste. Un moyen presque certain de conserver le fruit très-sain, c'est de garnir la fruiterie de grandes armoires exactement fermées.

On s'en tiendra pour l'ordinaire à des tablettes, espacées de neuf à dix pouces, et larges d'environ deux pieds. On leur donne une pente d'environ trois pouces, afin d'avoir plus de facilité à examiner le fruit, et voir celui qui s'altère. On les garnit d'une tringle, pour empêcher la chute du fruit ; sur ces tablettes on étend de la mousse du pied des arbres bien séchée au soleil et bien battue. Le fruit y fait un enfoncement, où il est mollement couché. C'est ce qu'on a trouvé de mieux. La paille et la fougère, dont bien des personnes se servent, donnent souvent au fruit un goût désagréable. Le sable, dont d'autres font usage, les altère aisément par l'humidité qu'il contracte à l'ombre. Si on ne trouvait pas commodément assez de mousse pour garnir les tablettes du fruitier, on pourrait s'en tenir à des claies sur lesquelles on poserait le fruit enveloppé d'une feuille de gros papier, tordue et repliée sur la queue.

A ces préceptes sages et peut-être routiniers, nous ferons succéder l'avis de quelques personnes qui, par de nombreux essais, sont parvenues à des résultats satisfaisans, et écoutons d'abord le savant Rozier, qui veut qu'une *bonne* cave serve de fruitier. Nous ferons observer qu'ayant habité long-temps les contrées méridionales de la France, ses avis doivent surtout être goûtés par les personnes qui vivent au-delà de la Loire.

La meilleure cave est le meilleur fruitier. Cette assertion doit paraître paradoxale à bien des gens; il s'agit de s'entendre. La meilleure *cave* est celle qui est *sèche*, assez profonde en terre pour que la chaleur de son atmosphère s'y soutienne d'une manière invariable, pendant l'été comme pendant l'hiver, entre le dixième et le onzième degré au-dessus de zéro du thermomètre de Réaumur, qui correspond au quarante-huitième ou au quarante-neuvième de celui de Farenheit; il faut encore que le mercure dans le tube du *baromètre* y éprouve très-peu de variation. Les perpétuelles alternatives du chaud et du froid, du sec et de l'humide de l'air atmosphérique, sont les agens dont la nature se sert pour hâter la décomposition des corps par la disgrégation de leurs principes; le froid les resserre, la chaleur les dilate, le sec de l'air attire l'humidité de végétation du fruit; et comme tous les fluides cherchent à se mettre en équilibre, le fruit, à son tour, attire l'humidité de l'air, lorsqu'elle est surabondante. Il y a plus, l'électricité de l'air contribue singulièrement à la putréfaction des fruits; si cette électricité est de quelque durée, le fruit mûrit et tombe plus tôt de l'arbre; si des coups de tonnerre redoublés surviennent, et même sans être accompagnés de coups de vent, presque tous les fruits qui approchent de leur maturité sur l'arbre tombent et se corrompent promptement.

Si le raisonnement et l'expérience prouvent l'action directe de l'air sur les fruits, il est donc clair que la *meilleure* cave deviendra le meilleur fruitier: cependant, comme il est très-difficile de se procurer des caves aussi parfaites, examinons les ressources qui restent pour l'établissement d'un bon fruitier.

Le premier objet à examiner est la constitution habituelle de l'atmosphère du climat que l'on habite; car toute loi générale est ridicule. Dans nos provinces du nord on a à redouter l'humidité et le froid; dans celles du midi, l'humidité passagère, mais excessive pendant quelques jours seulement, lorsque les vents du sud, sud-est et sud-ouest soufflent en hiver, et souvent des hivers trop doux et trop venteux par rafales.

Dans le nord, on doit prendre les plus grandes précautions contre le froid, qui, dans une nuit, détruit tous les fruits ; et dans le midi ; contre l'humidité, qui, une fois introduite, se dissipe difficilement, à moins qu'on ne renouvelle l'air en ouvrant la porte ou la fenêtre, opération dangereuse ; parce que le fruit craint singulièrement la transition d'une espèce d'air dans une autre.

Il doit en être d'un bon fruitier comme d'une glacière, c'est-à-dire ; qu'il faut nécessairement établir une espèce de tambour devant la porte d'entrée, et n'ouvrir celle-ci qu'après avoir fermé la porte du tambour, et refermer toutes les deux sur soi : voilà le meilleur garant contre le froid et contre l'humidité, surtout si les fenêtres ferment bien, et qu'entre le mur et leur cadre toute communication d'air soit rigoureusement interdite : un double châssis en papier ou un double vitrage devient nécessaire, suivant le climat ; d'où il est aisé de conclure que l'exposition du midi et du levant sont à préférer ; que celle du nord est funeste, et que l'on fera très-bien de choisir un emplacement abrité des coups de vent ; mais il importe fort peu que le fruitier soit dans une cave, au rez-de-chaussée, au premier ou au second étage, s'il est bien à couvert du froid, de l'humidité et de l'impression sans cesse changeante, suivant l'état de l'atmosphère. Voilà le vrai et unique secret pour conserver le fruit pendant des années entières.

On achète du beau fruit au marché, on le sort parfaitement beau de son fruitier, et on est tout étonné, après quelques jours, de le voir noircir et passer promptement à la putréfaction, qui commence au centre, et gagne insensiblement jusqu'à la circonférence. La raison en est bien simple : le bain d'air, si je puis m'exprimer ainsi, dans lequel le fruit était auparavant, n'est plus le même; la constitution de l'air du fruitier était, pour ainsi dire, en équilibre avec les principes du fruit; il était imprégné de sa transpiration; le fruit était à son niveau pour le degré de chaleur, etc., et par le changement de local tout-à-coup l'équilibre est rompu, l'air intérieur se débande, et comme il est le lien et l'âme des corps, tant qu'il y est concentré, sa sortie donne lieu à la putridité, qui commence toujours par la disgrégation des principes constituans des corps.

On doit éloigner le fruitier des fumiers, des écuries, de tout ce qui a une odeur forte quelconque, et il ne doit servir qu'à conserver le fruit; le plus souvent, et très-mal à propos, il devient un lieu d'entrepôt, de garde-meuble, etc.

Les propriétaires en état de faire de la dépense, et chez qui tout luxe est recherché, pourront le faire boiser et garnir de tiroirs tout autour, et non pas d'armoires, parce qu'en ouvrant les portes, on met à l'air une trop grande quantité de fruit; les tiroirs sont plus commodes: les trop vastes ont le même défaut que les armoires.

Les propriétaires qui pourront couvrir de planches les parois des murs et le carrelage, feront très-bien ; les moins aisés se serviront de nattes de paille, de jonc, etc. ; ils établiront plusieurs rangs de tablettes, les uns sur les autres, de deux à trois pieds de largeur, et environnés de toutes parts d'un petit rebord. Il est essentiel qu'on puisse tourner tout autour ; elles ne seront donc pas collées contre le mur. Les supports de ces tablettes seront multipliés et solides; le poids du fruit est considérable et exige des précautions.

Le moment de cueillir le fruit d'hiver dépend du climat et de la saison ; car pour celui d'été, il vaut mieux le cueillir sur l'arbre, à son point de maturité ; il en est plus parfumé. J'ajouterai que, dans les pays froids, le fruit craint moins de rester plus long-temps sur les arbres, que dans les pays chauds, parce que leur maturité y est moins prochaine: mais il faut prévenir les gelées.

Plusieurs particuliers, avant de fermer le fruit, l'amoncèlent, afin, disent-ils, de le faire suer, de connaître le mauvais fruit; enfin, ils attendent que la masse ait acquis un certain degré de chaleur, et par conséquent de fermentation. Cette méthode est détestable. Après avoir cueilli le fruit aux heures et jours indiqués, il convient, autant qu'on le peut, de le laisser au soleil jusqu'à ce qu'il se couche, et de ne le porter au fruitier qu'après qu'il aura transpiré l'excédent de son eau de végétation. Dès que le fruit est renfermé, on le visite de temps à autre, afin d'enlever ce qui se gâte.

M. de La Bretonnerie, dans son *École du Jardin fruitier*, dit :

« Quelques personnes gardent des pommes des années entières, et en ont gardé même jusqu'à deux ans dans des caves ou souterrains, où l'air moins sec, moins subtil que celui du dehors, au lieu de pomper le suc des fruits, les entretient dans une fraîcheur naturelle, avec la précaution de ne pas les approcher trop près les unes des autres, et de les ranger sur des tablettes couvertes d'une mousse fine et tendre, qu'on a soin de battre au soleil à chaque nouveau remplacement ; chacune de ces pommes, placée à deux doigts de distance de sa voisine, s'enfonce doucement dans cette mousse, qui se relève entre deux ; au moyen de quoi celle qui vient à se gâter ne communique point son mal dans le voisinage ; il n'est pas besoin de paille ni de foin, ni de couvertures de lit, pour couvrir les fruits dans ces souterrains, comme dans les fruitiers ordinaires. »

« Si on est assez heureux pour avoir un caveau avec les qualités requises, sans y mettre des tablettes, ni revêtir les murs de planches, on y place une ou deux échelles doubles, plus ou moins, suivant son étendue, laissant des sentiers autour, et sur lesquelles, étant ouvertes, on pose des planches bordées de lattes, d'un échelon à un autre, et par étage, et de même d'une échelle à l'autre; de sorte que la plus grande largeur des planches de chaque échelle se trouve en bas, pour les fruits communs et en plus grande quantité, et la moindre largeur en haut, pour les fruits les plus distingués : on a soin de les visiter souvent, pour ôter à mesure les fruits pourris, et emporter ceux qui sont mûrs.... Quelques curieux, quand ils ont de magnifiques poires et de beaux raisins qu'ils veulent conserver pour des occasions, passent un fil au milieu de la queue, dont ils couvrent la plaie et le bout de la queue d'une goutte de cire d'Espagne; après quoi, mettant ces fruits dans un cornet de papier, ils font sortir ce fil par la pointe du cornet, pour les suspendre par-là, le cornet étant bien fermé par les deux bouts, afin d'empêcher toute impression de l'air.»

« Nos paysans, qui ont quelquefois beaucoup de fruits, aux approches des fortes gelées les couvrent d'une enveloppe bien épaisse de regain, qui n'a pas la même odeur que le foin (et qui n'est pas susceptible de fermenter comme lui par l'humidité); ils le laissent là, sans y toucher, jusqu'après les grandes gelées; ils les découvrent alors, les changent de place, afin d'ôter tous ceux qui sont pourris... Les fruitières de Paris les couvrent de paille dessus et dessous dans les greniers: si elles craignent la gelée, elles jettent sur cette paille un drap mouillé, qui reçoit la gelée, intercepte l'air et garantit le fruit..... Les curés de la campagne mettent leurs plus beaux fruits de réserve dans leur armoire ou dans les tiroirs d'une commode; ils s'y conservent on ne peut mieux: quelques-uns les conservent dans de grandes boîtes couvertes: ils sont encore fort bien dans du son, lit par lit, ou dans du regain. »

Les souris et les rats sont les ennemis impitoyables des fruits; on doit multiplier dans le fruitier les piéges et les appâts destructeurs, et en faire la visite de temps à autre ainsi que du fruit.

CHAPITRE V.

Notions générales sur l'art de conserver les Fruits, et soins à donner à chaque fruit en particulier.

I. *Notions générales.*

Les fruits qui mûrissent trop vite se gâtent promptement.

Les fruits d'une nature aqueuse, d'une chair

molle, se gâtent plus vite que ceux dont la pulpe est ferme, le jus très-doux ou très-aigre.

Les fruits venus en terrains gras et fertiles sont plus sujets à se gâter que ceux qui proviennent d'un sol maigre.

Les fruit mûris par une année sèche et chaude, ou bien exposés à l'influence du soleil, se gardent bien, tandis que ceux qui viennent pendant une année froide et pluvieuse se gardent peu.

Toute meurtrissure, quelque légère qu'elle soit, nuit à la conservation ; il en est de même des piqûres d'insectes, taches, loupes, etc., etc.

Il est nécessaire que tout fruit qu'on veut garder ait sa queue toute entière ; si la queue est cassée, couvrez la brisure avec de la cire.

Le point précis de maturité est indispensable à la conservation de certains fruits ; d'autres veulent être cueillis un peu verts : toutefois il vaut généralement mieux un peu trop tôt que trop tard.

On conserve les fruits :

1°. *Dans l'eau salée, sucrée ou acidulée.* En Allemagne, l'eau miellée était généralement employée. Les fruits mûrs et sains, plongés dans l'une de ces compositions, et mis en lieu frais, sont assez bons pendant long-temps.

2°. *Dans l'esprit de vin et eau-de-vie.* En sortant de ce liquide, on les plonge dans l'eau, puis on les sert ; mais il est rare qu'ils n'aient pas perdu leur goût naturel.

3°. *Dans les épices ou aromates.* Pour bien réussir, il faudrait en quelque sorte enterrer le fruit dans des aromates bien pulvérisés, ou dans leur graine. Cependant les fruits entourés de paille, de sable, etc., et dans lesquels on avait mis beaucoup d'aromates, se sont bien conservés; ils y prennent une saveur qui est rarement désagréable.

4°. *Par absence de chaleur.* Une cave bien sèche, un tonneau à eau-de-vie ou à vin, bien bouché et plongé dans une cuve pleine d'eau, renouvelée deux fois par semaine; enfin, un puits profond, et ayant au moins six pieds d'eau, offrent des moyens de conservation. On sent que dans ce dernier cas le fruit doit être renfermé dans des bocaux ou autres vases fermant hermétiquement. Les glacières offrent les mêmes avantages.

5°. *Par la raréfaction et expulsion de l'air.* On place les fruits dans des bouteilles, bocaux, etc., selon la nature de l'objet à conserver. On bouche, puis on raréfie en plongeant dans de l'eau, de l'huile bouillante ou toute autre substance onctueuse. Au moyen d'une machine pneumatique on peut expulser totalement l'air du vase qui renferme le fruit. (Consultez *le Livre des Ménages*, de M. Appert.)

6°. *Sable, cendre, balle d'avoine, etc.* Tout corps qui entoure bien le fruit et empêche l'accès de l'air le conserve; si ces substances sont humectées d'esprit de vin, de nitre, de sel, ou mélangées d'aromates, la conservation n'en est que plus sûre. On doit enduire de cire la queue du fruit. Pour pommes, prunes, abricots, préférez le sable; pour raisin, pommes et poires, la cendre. Le charbon pulvérisé conserve le raisin, et le sucre en poudre les cerises.

7°. *Dans la cire.* On en couvre les fruits à l'aide d'un pinceau, d'une couche légère, mais complète; on les plonge ensuite dans de la sciure de bois, et on place au frais. Ce procédé a conservé pendant six et neuf mois des cerises, des pommes et des poires.

8°. *Dans le gypse.* Délayez-en dans de la colle ordinaire ou dans du lait, et servez vous-en comme de la cire.

9°. *Dans l'argile.* Il faut de l'argile sans sable; elle enduit bien les pommes, poires, raisins, abricots, etc., quand elle est délayée avec une substance telle que lait, colle, etc., et aromatisée.

10°. *Dans l'eau.* En Suisse, on défonce un tonneau, on y place les fruits, puis on remplit avec de l'eau; on remet un couvercle, qu'un poids suffisant plonge de quelques pouces au-dessous du niveau de l'eau.

II. *Soins à donner à chaque fruit en particulier.*

§. I. Abricot. — L'abricot si savoureux, si parfumé au-delà de la Loire, est souvent fade et pâteux dans nos départemens de l'ouest, de l'est et du nord. Cependant si dans ces contrées on voulait se borner à cultiver l'abricotier *en plein vent*, on aurait un fruit meilleur et plus sain. Recommandez donc à votre jardinier de ménager *ses espaliers* pour des fruits d'un autre genre, et de multiplier les pleins-vent.

Abricot précoce ou *musqué*. Mûrit au commencement de juillet à Paris, à la mi-juin dans les départemens du centre, et fin de mai en Languedoc. Mauvaise espèce.

Abricot angoumois. Se mange du premier au quinze juillet. C'est une excellente espèce.

Abricot commun. Mûrit vers le milieu de juillet; sa chair est pâteuse, mais il est excessivement abondant.

Abricot de Provence. Du premier au quinze juillet en espalier; fin de juillet en plein vent; plus doux que l'angoumois et aussi vineux; sa chair est cependant plus sèche.

Abricot d'Hollande. Sa maturité est comme celle du précédent; beaucoup d'amateurs le préfèrent à l'angoumois et à celui de Provence.

Abricot-alberge. Mi-août. Cette espèce est excellente aux environs de Tours et n'aime que le plein vent.

Abricot de Portugal. Du premier au quinze août. Excellente qualité; chair fine, délicate et d'un goût relevé.

Abricot violet. Mauvaise variété de l'angoumois.

Abricot pêche, ou de Nanci. C'est la plus grosse espèce d'abricot; elle mûrit en août; sa chair est fondante, ne devient ni sèche, ni pâteuse, même en restant sur l'arbre; elle a un goût relevé, très-agréable, et un parfum qui lui est particulier.

Les abricots qu'on veut faire sécher pour l'hiver doivent être portés au four aussitôt qu'ils sont cueillis. On repousse ensuite le noyau du côté de la queue qui lui sert de sortie, on aplatit, puis on remet au four. On les serre ensuite en lieu sec.

§. II. Amandes. — Le fruit de l'amandier est d'une saveur agréable; mais, comme toutes les substances huileuses, il est d'une digestion un peu lourde. Quand les amandes se détachent de l'arbre naturellement, c'est le moment de les récolter : par un beau jour on les abat avec des gaules en prenant les précautions indiquées à l'article *noix*. On les dépouille du brou qui les enveloppe; on les expose au soleil pendant deux ou trois jours, puis on les laisse sur le plancher d'un endroit sec et aéré, ayant soin de les remuer souvent; enfin on les entasse et elles se conservent ainsi pendant plusieurs années.

§. III. Ananas. — Ce fruit si délicat et si recherché n'est dans nos contrées qu'une curiosité. Quelques personnes, un petit nombre de spéculateurs en élèvent quelques pieds à force de soins, de peines et d'argent, et le gastronome qui paye bien cher une jouissance momentanée de son palais, n'a pas toujours la satisfaction, en le mangeant, de savourer même un bon fruit.

L'ananas d'Asie réunit cependant le parfum de tout ce que nos vergers offrent de meilleur ; on y trouve le parfum de la fraise et de la framboise, la fraîcheur veloutée de la pêche, la saveur piquante de la reinette, etc.

Il serait imprudent de manger plus d'un ananas ; c'est son odeur qui annonce ordinairement sa maturité, et quand les tubercules qui le composent perdent leur fermeté, il faut se hâter de le manger, car il *passe* avec plus de rapidité encore que le melon.

§. IV. Azeroles. — Ce fruit qu'on ne connaît à parfaite maturité que dans le midi, est d'un goût aigre et légèrement sucré ; il est rafraîchissant et sa grosseur est plus ou moins grande suivant la nature du sol. Sa couleur est rouge ; on en fait une confiture excellente qui a de l'analogie avec celle de l'épine-vinette.

§. V. Cassis.—Ce fruit est noir à sa maturité ; il est sucré, mais un peu âcre, ce qui fait que beaucoup de personnes n'aiment pas à le manger à son état naturel. Cependant il est tonique et bon pour l'estomac.

En l'écrasant et en exprimant le jus qu'on étend avec de l'eau-de-vie, qu'on aromatise un peu et qu'on sucre beaucoup, on fait la liqueur appelée ratafia.

§. VI. Cerises, Guignes, Bigarreaux, Merises. — La *cerise* est un fruit rafraîchissant et nourrissant, un peu laxatif quand il est bien mûr.

La *guigne* est aqueuse, affadissante, quoique sucrée.

Le *bigarreau* est lourd pour l'estomac de beaucoup de personnes, et peut leur causer des indigestions si elles en mangent beaucoup.

Le *merisier* offre un fruit très-sucré et sain. La merise noire ne sert guères qu'à faire du ratafia, et c'est avec son noyau qu'on confectionne le kirchenwaser.

Cerises les plus généralement cultivées, selon l'ordre de leur maturité.

Cerise précoce (en espalier). .	Courant de mai.
Cerise hâtive (*Idem.*).	Commencement de juin.
Cerise anglaise, royale hâtive. .	*Idem.*
Cerise à trochet.	Juin.
Cerise guigne.	Fin juin.
Montmorency.	Juillet.
Gros gobet.	Juillet.
Griotte de Villènes.	Juillet.
Cerise anglaise tardive.	Juillet.
Cerise d'Allemagne.	Juillet.
Griotte de la Palembre.	Juillet.

Griotte de Varennes.	Août.
Griotte à gros fruit blanc.	
Griotte Cherry-Duck.	
Cerise de Portugal.	
Cerise du Nord.	Fin août.
Cerise de Sibérie.	Commencement de septembre
Cerise de la Toussaint.	Septembre et octobre.

La cerise du nord est ordinairement choisie pour les confitures et ratafias.

Guigniers.

Guigne noire.	Juin et quelquefois fin mai.
——— blanche.	Juin.
——— noire à fruit luisant. . .	Fin juin.
——— tardive.	Juillet.

Bigarreaux.

Bigarreau hâtif à petit fruit rouge.	Commencement de juillet.
——————— roquement ou cœur de pigeon.	Mi-juillet.
——————— à gros fruit. .	Fin juillet.
Gros cœur.	Août.
Bigarreau jaune.	Août.

La manière de faire sécher les cerises est facile, et elle est commune aux prunes et aux raisins. Il ne s'agit que de les cueillir en pleine maturité, de les ranger sur des claies, de les mettre dans le four, après que le pain en est retiré, de les retourner, de les changer de place et de les tenir en réserve, dans un endroit sec, après qu'elles sont refroidies.

§ VII. Chataignes. Marrons. — Les châtaignes, surtout les fraîches, sont venteuses; elles sont plus saines pendant l'hiver qu'immédiatement après la récolte. Bouillies, elles se digèrent mieux que rôties; toutefois, quand on les a dépouillées par une dessiccation convenable du suc âcre et de la peau qui les enveloppe, elles offrent une nourriture aussi saine qu'agréable.

La récolte de ce fruit, qui n'est abondante ordinairement que de deux années l'une, offre beaucoup de chances qui peuvent lui être défavorables.

Des pluies ou des rosées froides, dans le temps de la fleur, la font couler; un soleil ardent, après une forte rosée, détruit et brûle la fleur. Un brouillard, ou les causes dont on vient de parler, produisent le même effet lorsque le fruit est noué, et le brouillard surtout dans le mois d'août. Il n'en est pas ainsi de ceux du mois d'octobre : le proverbe dit qu'ils *engraissent la châtaigne*. Si le mois d'octobre est pluvieux, si celui de novembre l'est également pendant que la châtaigne sue amoncelée dans son hérisson, le fruit pourrit, et celui qui reste intact se conserve peu.

Aussitôt que la châtaigne est tombée de l'arbre, il faut l'enlever de dessus la terre. Si cet enlèvement se fait à la rosée et par un temps de brouillard, le fruit se conserve mieux. Les méthodes varient suivant les provinces. Dans les unes, on a des fosses où l'on jette le hérisson qui renferme la châtaigne ou le marron ; souvent ces fosses se remplissent d'eau ; dans les autres, on amoncèle en plein air les hérissons, et ils restent dans cet état jusqu'à ce qu'ils s'ouvrent et que le fruit s'en détache. L'une et l'autre me paraissent défectueuses : avantageuses, il est vrai, au vendeur, et préjudiciables à l'acheteur.

Ces monceaux fermentent, la chaleur s'y excite, elle pénètre dans l'intérieur du fruit, y concentre l'humidité qui ne peut s'échapper à travers l'écorce; et enfin, dispose le germe à se développer. Le temps est venu de vendre le fruit : on le sépare du hérisson, il est beau, bien renflé, un moindre nombre remplit le boisseau, et l'acheteur est trompé, parce que dès que le fruit est chez lui, le volume diminue ; et l'eau surabondante de végétation qui s'est échauffée, n'ayant pu s'évaporer auparavant, s'échappe enfin par la dessiccation, et le fruit est déjà moisi dans son intérieur. Ne vaudrait-il pas mieux, aussitôt après la cueillette, porter le hérisson sous des hangards exposés à un libre courant d'air, et faire le lit peu épais? Le hérisson se dessécherait plus vite; il est vrai que dans les fosses ou dans les monceaux exposés successivement à la rosée, à la pluie, au soleil, etc., etc., leur dessiccation suivrait une marche progressive et non interrompue, et le fruit perdrait peu-à-peu cette eau surabondante de végétation qui le fait moisir. En effet, combien ne voit-on pas de châtaignes germées avant d'être débarrassées de leur hérisson, lorsqu'on les sort de la fosse ou du monceau? La germination a détruit la partie sucrée du fruit, et les rats, si friands de ce fruit, le dédaignent lorsqu'il a été dans cet état.

La méthode de rassembler la châtaigne avec le brou ou hérisson, a été imaginée par ceux qui se hâtent pour vendre leur récolte, et par conséquent ils ont été obligés d'abattre le fruit de l'arbre avant sa maturité; il n'est donc pas surprenant que ce fruit ne se conserve pas dans la suite. La nature indique la maturité du fruit par sa chute; et presque toujours le hérisson, en tombant sur terre, s'ouvre et le fruit en sort. Le propriétaire vigilant enverra au moins tous les deux jours et de grand matin faire la cueillette du fruit tombé, et ses gens presseront doucement avec le pied le hérisson qui ne sera pas ouvert, afin d'en faire sortir le fruit. Ce que j'ai dit plus haut s'applique également aux grands monceaux formés par la réunion des marrons ou des châtaignes : on dit alors qu'ils *suent*. Cette méthode est aussi destructive que les autres. En un mot, si on veut mettre le fruit dans le cas de se conserver pendant long-temps, sa dessiccation doit être lente, uniforme et soutenue ; enfin, on doit remuer de temps à autre les châtaignes à la pelle, afin que celles de dessous se dessèchent aussi également que celles de dessus. Si, en enfonçant la main dans le monceau, on sent de la chaleur, c'est une preuve que la fermentation s'y est établie, et le signe le plus certain du peu de durée de la châtaigne dans un état sain. Dans cet état les châtaignes conservent les noms de *vertes* ou de *fraiches ;* c'est-à-dire qu'elles ont seulement perdu leur eau surabondante de végétation.

Afin d'empêcher une nouvelle fermentation, lorsqu'on les amoncèle après cette première dessiccation, on se sert de divers intermèdes. Par exemple, entre chaque lit peu épais on place des feuilles sèches de bruyères, des tiges de fougère, de la petite paille ; ou bien l'on stratifie les marrons avec du son, du sable, de la cendre ; et ce dernier est le meilleur si la dessiccation est à son point ; mais pour prévenir tout événement, je préfère l'intermède du sable très-sec, peu sujet à attirer l'humidité de l'atmosphère, et qui laisse à l'humidité des fruits les moyens de s'échapper avec facilité. Règle générale, il faut tenir les châtaignes et les marrons dans des lieux très-secs, très-exposés à un courant d'air non humide ou trop froid; la gelée fait périr le marron.

Il existe encore une autre méthode publiée par M. Parmentier, dans son excellent *Traité de la châtaigne*. Voici comme il s'explique : « Les châtaignes et les marrons ramassés au grand soleil, » exposés ensuite à l'action de cet astre pendant » sept ou huit jours sur des claies que l'on retire » tous les soirs, et que l'on pose les unes sur les » autres dans l'endroit de la maison le plus chaud, » acquièrent la propriété de se conserver très-long- » temps, et même de supporter les plus longs tra- » jets sans rien perdre de leur saveur agréable et » de leur faculté reproductive : mais cette méthode » dont la bonté est connue, ne peut être pratiquée » par nos marchands, parce que les fruits ainsi » séchés au soleil ont perdu un peu de leur vo- » lume, et leur surface extérieure, au lieu d'être » lisse, est ridée; ce qui serait un obstacle au » débit de la denrée, qui a besoin, comme beau- » coup d'autres, du coup-d'œil. »

M. Parmentier propose encore une recette pour manger la châtaigne verte pendant toute l'année. « Elle consiste à faire bouillir ce fruit pen- » dant quinze à vingt minutes dans l'eau, et l'ex- » poser ensuite à la chaleur d'un four ordinaire, » une heure après que le pain en a été tiré. Par

» cette double opération, la châtaigne acquiert » un degré de cuisson et de dessiccation propre à » la conserver très-long-temps, pourvu qu'on la » tienne dans un lieu extrêmement sec. On peut » s'en servir ensuite en la mettant réchauffer au » bain-marie ou de vapeur. Ceux qui préfèrent de » la manger froide, n'ont besoin que de la laisser » renfler à l'humidité pendant l'espace d'un ou » deux jours. »

Après la première dessiccation, si on désire faire des envois de châtaignes ou de marrons, il faut séparer tous les fruits meurtris : dès que la peau brune qui les recouvre est entamée, le fruit pourrit. S'ils souffrent des cahots, des chocs violens dans la route, ils se conservent peu, et beaucoup moins s'ils sont humectés par la pluie et que le trajet soit long. Comme ils sont amoncelés et serrés les uns contre les autres dans le ballot, cette eau réagit sur la châtaigne, excite une nouvelle fermentation, et le fruit se renfle. On ne doit donc plus être surpris, lorsqu'on déballe les marrons, de les voir quelques jours après se rider, l'écorce brune se séparer, pour ainsi dire, du fruit, et le fruit balotter en dedans. Soyez assuré qu'avant l'espace d'un mois plus de la moitié sera pourrie.

§ VIII. Coing. — On peut attendre sans risque jusqu'aux gelées pour cueillir ce fruit, vu qu'il ne les craint pas. On ne le récolte que lorsqu'il a acquis une belle couleur d'or; on l'essuie pour en ôter le duvet, et après l'avoir mis un peu au soleil on le serre pour qu'il achève d'acquérir sa maturité, dans un lieu sec, séparé des autres fruits qu'il ferait gâter par son odeur forte. Il se conserve peu, et on doit se hâter d'en faire des compotes, des marmelades, des gelées, des pâtes de Cotignac, des sirops et même des liqueurs. Au-delà du Rhin on le conserve dans son jus; on le monde, on lui ôte la rosette et la queue, on essuie le velouté et on verse pardessus du jus de coing tiède. Il se conserve long-temps au frais, mais il doit être mangé aussitôt que sorti du vase qui le renferme, car alors il noircit.

§ IX. Epine-vinette, Vinettier. — C'est un fruit cylindrique, ovale, mou, qui devient rouge en mûrissant et qui est rempli d'une sorte de pulpe acide, assez agréable, et d'un ou de deux noyaux oblongs. Il se mange seul quand il est bien mûr : il est rafraîchissant et astringent.

On fait une excellente confiture avec la vinette sans pépins ou noyaux, et même une fort bonne limonade, qu'on doit avoir soin de bien sucrer. Il est en général peu de cas où le jus de citron ne puisse qu'être remplacé par l'épine-vinette.

Quelques personnes conservent l'épine-vinette confite au vinaigre; on en fait aussi un sirop très-rafraîchissant.

§ X. Figue. — La figue bien mûre est un fruit très-sain et qu'on ne défend jamais, même aux malades; mais s'il est cueilli et mangé avant sa maturité, il est lourd pour l'estomac et donne même des coliques assez vives.

Les figues mûrissent fin juillet et en août. Celles qui sont mûres jusqu'à se rider et qui ont une goutelette de sirop à l'œil sont les meilleures, quoique moins agréables à la vue. Pour manger les figues fraîches, on doit faire la cueillette le matin et le soir, et jamais pendant l'ardeur du soleil. Elles doivent être déposées dans un lieu frais, sur le côté, sur des feuilles de vigne et y rester vingt-quatre heures avant d'être mises sur table.

On peut accélérer la maturité des figues soit en les piquant à la tête avec une épingle trempée dans l'huile d'olive, soit en faisant avec un canif un petit cerne à l'extrémité de la tête où sont les fleurs mâles que l'on extirpe. Cette dernière opération se pratique lorsque le fruit est parvenu au tiers de sa grosseur.

Les variétés des figues les plus estimées en France et surtout dans les départemens du Centre et du Nord, sont :

La figue longue ou printannière.

La figue d'automne, grosse blanche.

La figue violette.

La figue jaune.

La figue poire.

« La récolte de la figue, dans plusieurs cantons des départemens méridionaux, est aussi précieuse que celle des oliviers et même de la vigne, et le figuier y est soumis à une culture réglée. La cueillette est longue, parce que le fruit mûrit successivement, et on doit attendre qu'il commence à se dessécher sur l'arbre. Le jour de la cueillette n'est pas indifférent. On doit, autant qu'on le peut, attendre que le vent du nord ait régné depuis quelques jours, que le ciel soit pur et serein, que la chaleur soit forte et soutenue, et que la rosée soit entièrement dissipée. On les étend sur des planches, sur des claies : on les comprime un peu, et on les expose au gros soleil contre un bon abri, afin de multiplier la chaleur. Du moment que le soleil se couche, on les porte dans un lieu sec, exposé à un libre courant d'air ; le lendemain on recommence la même opération, et ainsi de suite, jusqu'à ce que la plus grande partie de l'eau de la végétation soit dissipée ; de la promptitude de cette exsiccation dépend la bonne qualité de la figue. Comme dans une figuerie on cueille plusieurs espèces, et que toutes n'ont pas la même perfection, on fera très-bien de ne pas les confondre pendant l'exsiccation, soit pour conserver la qualité de la marchandise, soit parce que des espèces se sèchent plus facilement que les autres ; et par conséquent, si on les mêlait, il faudrait beaucoup plus de tablettes ou de claies. Tant que dure cette operation, on tourne et retourne plusieurs fois par jour les figues, afin qu'elles éprouvent dans tous leurs points le même degré de chaleur, et par conséquent l'évaporation de leur humidité surabondante. Souvent le ciel se couvre de nuages, des pluies surviennent, l'humidité règne pendant plusieurs jours, et la figue, loin de sécher, pourrit ; il faut avoir recours à la chaleur modérée d'un four, mais elle ne produit jamais le même effet que le soleil, la qualité du fruit diminue d'un grand tiers au moins, et quelquefois même ces figues ne sont plus bonnes qu'à donner aux cochons.

» Lorsqu'elles sont sèches, quelques personnes les mettent par rang dans des sacs, par-dessus un rang de farine, et ainsi de suite jusqu'à ce que le sac soit plein; alors on le secoue, on l'agite en tous sens, afin que le fruit roulant sur l'autre, mêlé avec la farine, cette farine s'empare de l'humidité superflue; et s'il est besoin, on répète l'opération à plusieurs reprises et à temps différens. D'autres se contentent de les étendre sur des draps, de les laisser pendant plusieurs jours dans des greniers ouverts au courant d'air, et dont on ferme les fenêtres dès que l'atmosphère est humide. Enfin, lorsqu'elles sont bien desséchées, on les place perpendiculairement sur une table; et appuyant le pouce sur la

-queue, on les comprime, afin qu'elles occupent moins d'espace. Dans cet état, on en remplit des sacs, et encore mieux de grands coffres destinés à cet usage. La dernière méthode est à préférer, car pour peu que l'humidité gagne la farine, elle aigrit et fait aigrir et fermenter la figue. (ROZIER.)

§ XI. FRAISE. — Ce fruit délicat et parfumé réussit parfaitement dans tous les pays tempérés; il est surtout abondant sur les lisières des bois et dans les montagnes, où son parfum est exquis.

Les fraises sont rafraîchissantes, mais elles développent beaucoup d'air dans les premières voies, et peuvent être contraires aux personnes qui ont des dispositions à avoir des vents. La meilleure méthode de les manger est avec du sucre et de l'eau; mêlées avec du vin, du lait ou de la crême, elles sont plus difficiles à digérer et s'aigrissent plus facilement dans l'estomac. Il est toujours prudent de les laver avant d'en manger : cependant quelques personnes prétendent que cette précaution leur enlève leur parfum.

On compte douze espèces de fraisiers, et plusieurs offrent différentes variétés. Ces différentes espèces permettent à un jardinier intelligent de fournir à la table de ses maîtres ce dessert exquis, depuis le mois de mai jusqu'en septembre.

La fraise des bois, la fraise frutiller et la fraise

ananas, sont les espèces les plus estimées : le capron est beau, mais pâteux, et ne sent que l'eau.

La fraise écarlate, qui est médiocre quand on la mange seule, est excellente pour former une sorte de gelée qui se garde deux et trois mois. On exprime son jus en la pressant dans un linge ; on jette dans ce jus du sucre en poudre très-fin, et on agite jusqu'à ce que le tout ait pris la consistance d'une gelée.

On doit recouvrir le sol qui nourrit les fraisiers, après l'avoir sarclé et serfoui, de paille brisée assez menu : cette méthode est avantageuse pour la qualité, la maturité et la propreté du fruit.

Pour avoir des fraises d'arrière-saison, il faut au printemps couper toutes les fleurs qui paraissent : de nouvelles fleurs viennent en été et donnent des fruits pour l'automne.

On reconnaît que les fraises sont mûres et bonnes à cueillir lorsque leur couleur est d'un beau rouge foncé, qu'elles sont luisantes, comme si elles étaient vernissées, et rebondies. Il ne faut, autant que possible, faire la récolte sur un plan que tous les deux jours, et même tous les trois jours si la chaleur n'est pas forte ; au lieu de tirer sur la tige, il faut couper la queue avec l'ongle du pouce : d'ailleurs les fraises sans queue s'affaissent, ne peuvent être transportées et fermentent plus vîte.

§ XII. Framboise. — Ce fruit a besoin d'être

accompagné de sucre pour être d'une digestion exempte d'inconvéniens ; il est du reste nourrissant, d'une acidité agréable et d'un parfum exquis.

Les framboises blanches sont plus douces que les rouges, mais aussi moins parfumées. On en fait des confitures, des liqueurs fraîches et même du vin. Elles servent quelquefois à parfumer le ratafia.

§ XIII. Grenade. — Ce fruit, peu connu dans nos départemens septentrionaux, est assez commun dans le Languedoc, le Dauphiné et la Provence.

Les grenades sont d'un goût agréable, peu nourrissantes, mais très-rafraîchissantes.

Elles doivent rester sur l'arbre jusqu'à leur parfaite maturité. Si on les cueille trop tôt, elles se rident, se dessèchent et moisissent. Quand elles sont bien mûres, on coupe une portion de la branche qui les porte; on réunit six à huit branches par un lien, et on les suspend au plancher : mais il ne faut pas que ce soit en lieu humide et peu aéré, car l'écorce noircirait et moisirait. Avant de les déposer dans la réserve, il faut toutefois les avoir exposées pendant plusieurs jours aux rayons du soleil, de son lever à son coucher.

Si les grenades sont grosses, belles, et destinées à des envois, il vaut beaucoup mieux les suspendre une à une, et les envelopper dans du papier : précaution qui conserve la beauté de leur tube.

§ XIV. Groseilles a grappes, Groseilles a maquereau. — C'est un fruit rafraîchissant et astringent : on en fait une boisson agréable, analogue à la limonade, et qui est prescrite ou permise dans presque toutes les fièvres. Toutefois, les groseilles peuvent être contraires aux estomacs faibles et faciles à être agacés.

Les groseilles à grappes sont, avec raison, les plus recherchées, à cause de l'excellence de leurs fruits, qui se mangent nouvellement cueillis, et qui font de très-bonnes gelées. La variété à fruit blanc est moins acide, et cependant elle n'obtient pas la préférence ; ses pépins étant plus gros, elle donne moins de pulpe : elle a l'avantage d'être attaquée tardivement par les oiseaux. Le mois de juillet est, année commune, l'époque de la maturité des groseilles.

Les groseilles à maquereau sont très-sucrées, délicates, et cependant indigestes : on en fait des confitures qui n'ont pas la délicatesse de celles qui sont confectionnées avec les groseilles à grappes. Ces groseilles encore vertes peuvent servir à assaisonner les maquereaux.

On peut conserver presque jusqu'aux gelées les groseilles sur l'arbre ; elles sont alors délicieuses ; la partie sucrée masque leur acide, et elle est plus rapprochée par l'évaporation d'une certaine quantité d'eau de végétation. Ce moyen bien simple consiste, lorsque le fruit est mûr, à envelopper avec de la paille longue l'arbrisseau, et de le couvrir de toutes parts. Pour soutenir la paille, on plante un ou plusieurs piquets en terre, contre lesquels elle est assujétie avec des osiers ou des cordes qui s'opposent à son dérangement.

§ XV. Jujubes. — Ce fruit ne vient à maturité que dans le midi de la France, et il n'est guères connu dans les départemens du centre et du nord que par l'emploi qu'on en fait pour des tisanes. Ce fruit est petit et de forme ovale : vert avant sa maturité, il devient d'un rouge orangé quand il l'a atteint. Il est nourrissant, doux et agréable, quoique un peu fade.

Les jujubes se récoltent à parfaite maturité, et sont mangées dans les contrées où elles croissent avec le même plaisir que les groseilles à maquereau à Paris.

On fait sécher au soleil, sur des claies ou sur des nattes de paille, celles qu'on veut conserver, et on les expédie dans des boîtes aux apothicaires et droguistes, qui en font un débit considérable.

§ XVI. Melon, Melon d'eau ou Pastèques. — Le melon est-il un fruit à dessert, me dira-t-on ? A cette question, qui n'est pas sans justesse, je me contenterai de répondre que, ne pouvant le placer raisonnablement parmi les légumes, il faut bien que je le case quelque part. D'ailleurs sa chair sucrée et parfumée comme celle de nos meilleurs fruits, se mange sans être assaisonnée, et si elle n'était pas un peu indigeste, au lieu de se manger en commençant le repas, elle ferait certes un succulent dessert.

Sa chair est aqueuse, mucilagineuse, d'une saveur agréable, sucrée, quelquefois musquée; elle nourrit peu, se digère lentement, et donne quelquefois des coliques.

On compte plusieurs espèces de melons : les meilleurs sont cultivés avec succès. A Paris, les cantalous sont ceux qui sont les plus recherchés; mais dans le midi les espèces même les plus communes acquièrent un goût exquis. Les pastèques, ou melons d'eau, ne se trouvent que dans les départemens méridionaux; il en est de même du melon de Malte d'hiver, qui ne mûrit qu'à l'arrière-saison, et suspendu au plancher ou sur la paille au fruitier; on le mange en janvier et février.

Nous recommandons aux amateurs un petit ouvrage intitulé : *Manuel de l'Amateur de Melon, ou l'Art de reconnaître et d'acheter de bons Melons, avec un Traité sur leur culture*, par M. A. Martin (1). Nous lui emprunterons les passages suivans :

(1) Se trouve chez l'éditeur, rue de l'Arbre-Sec, n°. 22.

« Les melons doivent être achetés *le* matin, et placés dans l'eau plusieurs heures avant le dîner.

» Un melon *cantalou* aplati, rarement est mûr : le soleil n'a pu l'échauffer.

» Un melon trop enflé est souvent trop mûr.... craignez les melons aux formes allongées, coniques ou tortues.

» Un melon est bien fait lorsque ses côtes sont prononcées, coupées également, et vont en s'affaiblissant, à l'une et à l'autre extrémité, en queue et en tête, lorsqu'il est bien brodé, drapé, et que sa couleur est déterminée.

» Un bon melon est ordinairement lourd : s'il résonne sous le doigt, c'est un signe que ses cavités sont vides et que, surpris au soleil, il n'a pas eu le temps de se développer. Un bon melon rend un son sourd, caverneux et sans écho ; une légère pression faite en tête est un diagnostic des plus certains : cède-t-il, se déprime-t-il sous la moindre pression, il est trop mûr ; résiste-t-il à l'effort du pouce ? il n'est pas mûr. Le melon *à point* cède doucement, et revient sous le doigt qui le sollicite.

» Une queue courte, grosse, et d'un vert foncé, est un signe favorable.... C'est une erreur de croire que l'amertume de la queue dénote un bon melon.

» L'odeur est le mode d'examen le plus souvent mis en usage..... l'odeur d'un bon melon n'est étrangère à personne... Les melons de moyenne grosseur sont toujours préférables à ces fruits énormes..... Défiez-vous d'un melon dont la couleur est uniforme, où toutes les teintes sont fades et blanchâtres.

» Melon coupé ne se conserve pas : il perd tout son parfum. »

§ XVII. Mures. — Le fruit du mûrier est fade, rafraîchissant, et apaise la toux dans quelques maladies ; il excite l'appétit, et dans plusieurs contrées se sert après la soupe comme le melon. Quand on en a trop pour la consommation de la table, et après la préparation des sirops, il faut le faire ramasser et le donner à la volaille et aux cochons, qu'il engraisse rapidement.

On a deux espèces de mûres : les noires et les blanches. Les unes et les autres mûrissent en juillet et août. Les noires seules se servent en dessert. Il faut les cueillir avant le lever du soleil, les tenir dans un lieu frais, et les servir sur des feuilles de vigne. On fait des sirops et des confitures de mûres.

§ XVIII. Nèfle. — La nèfle est indigeste, et donne quelquefois des coliques aux personnes délicates : elle a une saveur douce à laquelle se mêle une légère âcreté. Elle ne paraît sur les bonnes tables que glacée au sucre.

Vers le commencement d'octobre, quand les feuilles commencent à tomber, on détache ce fruit de l'arbre, on le laisse mûrir au grenier, à la cave ou dans un fruitier qui lui est réservé. Il doit être posé sur de la paille bien sèche, et n'est bon à manger que lorsqu'il devient mou.

Comme ce fruit commence à mollir par le cœur, il arrive souvent que cette partie est pourrie avant que le dessus soit en état d'être mangé. Pour prévenir cet inconvénient, avant que les nèfles mollissent, on les secoue dans un van pour meurtrir le dessus, qui alors s'amollit aussi promptement que le dedans.

§ XIX. Noisettes, Avelines. — L'amande de ce fruit est d'une saveur douce et agréable: elle nourrit peu, pèse sur l'estomac, et se digère difficilement quand elle est fraîche. Sèche, sa pellicule, comme celle de la noix, provoque la toux.

On cueille la noisette et l'aveline quand elles se détachent facilement du brou qui les enveloppe, et lorsque leur bois se colore d'une belle couleur rousse; mais pour les manger fraîches, on n'a pas besoin d'attendre la parfaite maturité, et dès les commencemens d'août on peut les servir en dessert. Elles se conservent long-temps dans des boîtes ou tiroirs où l'humidité ne peut les atteindre. Toutefois, il faut préalablement les avoir bien fait sécher à l'ombre. (*Voy.* à l'article *Noix*, l'avis d'un chimiste allemand, pour la conservation des noix et noisettes, pag. 59.)

§ XX. Noix. — Les noix fraîches, et même le cerneau, sont indigestes : il faut en manger avec réserve. Quant aux noix sèches, si elles sont d'une digestion plus facile, elles ont l'inconvénient d'être recouvertes d'une pellicule qui provoque la toux. Pour l'en dépouiller, beaucoup de personnes ne mangent de noix qu'après les avoir concassées et fait tremper dans de l'eau salée.

Le produit le plus important des noix est l'huile qu'on en extrait, et qui, faite sans feu et avec précaution, peut être employée dans tous les cas où on employe l'huile d'olive.

L'époque de la récolte des noix ne peut être fixée d'une manière précise pour chaque année, ni pour chaque canton. La température, le sol, l'espèce de l'arbre, influent puissamment sur la maturité. Toutefois, on peut prendre pour époque moyenne celle qui s'écoule *entre le 15 septembre et les premiers jours d'octobre.*

L'on connoît que le fruit est mûr, lorsque son brou ou enveloppe se crevasse et se détache du fruit. Alors, avec des perches longues, minces, et dont le bout est flexible, on frappe successivement toutes les branches du bas et de la partie à laquelle on peut atteindre. Les grands coups sont inutiles et nuisibles, ils affectent, meurtrissent le jeune bois, et font tomber un grand nombre de feuilles encore nécessaires à la perfection du bouton ou œil placé à leur base, qui doit pousser l'année suivante, et dont elles sont les mères nourricières. Il est très-rare qu'un bourgeon un peu fortement meurtri donne du fruit l'année d'après.

Après ce premier battage, on monte sur l'arbre, on gagne les branches élevées, et on les gaule successivement jusqu'à ce que tout l'arbre soit dépouillé de tous ses fruits. Il serait à désirer qu'on pût cueillir les noix avec la main, mais la chose est impossible. Elles sont toujours à l'extérieur de l'arbre, et l'extrémité des branches est trop faible et casserait sous le poids de l'homme. Les femmes, les enfans, les vieillards sont occupés à ramasser les noix par terre et à les mettre dans les sacs.

Si les noyers étaient renfermés dans une enceinte, si les propriétés étaient respectées, il serait inutile d'abattre les noix, et on épargnerait aux rameaux un grand nombre de meurtrissures. Le vent seul, la maturité complète du fruit et le dessèchement de son pédoncule suffiraient pour le détacher de l'arbre.

Lorsque toutes les noix d'un arbre sont abattues, on passe à l'arbre voisin, sur lequel on renouvelle la même opération. Pendant ce temps on remplit les sacs avec les noix ramassées, et on sépare celles qui sont détachées de leur brou d'avec celles qui lui restent encore attachées. Cette précaution n'est pas de rigueur, mais elle est avantageuse et épargne beaucoup de peine dans le grenier.

C'est communément dans des sacs que l'on transporte les noix du champ à la resserre ; on les étend sur le plancher du grenier, sur deux à trois pouces d'épaisseur, et chaque jour on les remue avec des rateaux de bois, afin de dissiper l'humidité ; cette opération dure environ un mois et demi. Les noix qui tiennent au brou sont mises dans un semblable monceau, mais séparé, et à chaque ratelée on a soin de retirer le brou qui en est détaché. Dans quelques cantons on amoncèle pêle-mêle les noix avec leur brou ou sans brou, à la hauteur de plusieurs pieds ; c'est, dit-on, pour les *faire suer*, et on les laisse ainsi pendant quinze jours de suite plus ou moins : il en résulte que la fermentation s'établit dans le monceau, que l'amande travaille intérieurement, que sa chair s'altère, et que l'huile qu'on en retirera ensuite aura un goût fort.

Lorsque les noix ont été séchées d'après la première méthode, qui est à tous égards la meilleure, on les renferme dans un endroit qui ne soit ni trop chaud ni trop frais, afin de les empêcher de rancir, et souvent dans des coffres en bois de noyer, destinés à cet usage, et qui les mettent à l'abri des vicissitudes de l'atmosphère, tantôt sèche, tantôt humide. Les noix s'y conservent bonnes à manger d'une année à l'autre.

Les noix et noisettes, dit un chimiste allemand, se conservent long-temps lorsqu'on les entoure de sable humecté d'un peu d'eau salée. Les particules salines pénètrent sans doute à travers leur coquille, et servent même à améliorer leur goût.

On fait avec les noix vertes un ratafia de santé très-stomachique. Le brou de noix est une liqueur du même genre et aussi saine. Enfin, les confiseurs préparent des noix vertes confites, avec ou sans brou, qui sont excellentes.

§ XXI. Olives. — Ce fruit donne de l'appétit, fortifie l'estomac et réprime les nausées.

Les olives, que nous plaçons ici parmi les fruits, quoique beaucoup de personnes veuillent leur disputer ce rang, sont d'une importance assez majeure dans le produit des domaines ruraux du midi, pour que nous nous étendions un peu longuement sur la manière la plus convenable de la récolter, et nous ne croyons pas pouvoir faire mieux qu'en plaçant ici deux articles où l'abbé Rozier s'est efforcé de combattre une coutume qui est bien nuisible.

Premier Article de l'abbé Rozier.

« La différence de maturité des olives est aussi frappante que celle qu'on remarque dans la vigne ; cependant on les cueille toutes à la même époque, parce qu'à moins d'avoir des pressoirs à soi, il faut attendre l'ouverture des moulins publics. Ainsi les unes commencent à changer de couleur, tandis que les autres sont trop mûres; voilà deux extrêmes à éviter. Dans le premier cas, on aura moins d'huile, et d'un goût âpre, amer, et elle sera chargée d'un mucilage inutile; dans le second, l'huile est trop grasse, perd son goût de fruit; enfin, elle a une tendance singulière à devenir forte, rance, et à ne pas se conserver, même en supposant que les olives aient été cueillies avec soin. Pendant l'intervalle des différentes maturités, s'il survient des coups de vent (très-fréquens dans cette saison et dans les provinces du royaume où croît l'olivier), il en tombe un très-grand nombre des arbres, mûrs et non-mûrs, suivant l'énergie du coup de vent. Ces olives sont successivement exposées à l'humidité des rosées, à la dessiccation lorsque le soleil paraît, et aux effets de la chaleur de ses rayons. Ces alternatives perpétuelles détériorent le fruit, le mucilage moisit, pourrit sous l'écorce; la quantité d'huile n'est pas diminuée, mais elle en est altérée au point que lorsqu'on l'exprime, même sans avoir amoncelé le fruit, et lorsqu'on le presse sans le secours de l'eau chaude, etc., son odeur est fétide, et sa saveur âcre et détestable. Le seul parti à prendre est de faire ramasser ces olives, et, dans aucun cas, ne pas les mêler avec celles qu'on doit cueillir sur les arbres. Il est donc absurde d'avoir plusieurs espèces d'oliviers dans un même champ, ou du moins, des olives inégales en époque de maturité.

Il en est des oliviers comme des vignes, l'espèce de plant, l'exposition, le grain de terre, changent d'une façon extraordinaire la qualité du produit de deux champs, quoique limitrophes. De cette diversité de qualités dans l'huile, quoique retirée des mêmes espèces d'olives et avec le même soin, il en résulte en grand, qu'on ne doit pas mêler les olives des coteaux avec celles des bas-fonds; celles des terres fortes et végétatives avec celles des sols rocailleux, pierreux, etc. On veut l'abondance, on va au plus vîte fait, et on détériore les qualités. On aurait eu la même abondance, et l'opération aurait été presque aussitôt achevée si on avait eu un peu plus de précaution, sans même augmenter la dépense. C'est souvent de ces petits soins réunis que dépend la perfection.

L'écorce est la conservatrice des fruits, elle est pour eux ce que l'épiderme et la peau sont à notre chair. Dès que la peau est entamée, les impressions de l'air augmentent la plaie. C'est précisément la même chose pour les fruits, pour l'olive, jusqu'à ce que la dessiccation ait fermé la cicatrice; mais la plaie ne se ferme plus dès que le fruit mûr ou non mûr est séparé de l'arbre qui le portait; il ne lui reste qu'à se corrompre. De ces points de fait, qu'il est si facile de vérifier, on doit de toute nécessité conclure qu'il est absurde de gauler les oliviers avec de grandes perches pour en abattre le fruit. Les coups redoublés portent sur les olives et les meurtrissent ; le mouvement de leur chute est précipité par la force des coups, et celles que les perches n'avaient pas meurtries sur l'arbre, le sont en tombant à terre avec violence. Je ne parle pas du tort irréparable que l'on fait aux jeunes pousses de l'olivier ; je l'examinerai en parlant de cet arbre, et je reviendrai à plusieurs objets de détails sur lesquels je suis obligé de glisser en parlant des généralités. Il faut cueillir les olives à la main comme on cueille les cérises ; l'opération est plus longue, il est vrai, mais le fruit, mais les arbres ne seront pas endommagés.

Voulez-vous ne pas avoir la peine de cueillir les olives, imitez l'exemple des habitans de la rivière de Gènes et des Corses : ils laissent le fruit sur l'arbre jusqu'à ce qu'il soit abattu par les vents, ou qu'il tombe de lui-même à force de maturité, ou lorsque les nouveaux *bourgeons* commencent à pousser. J'ai vu, dans ces deux cantons, des olives sur les arbres, et en grand nombre, jusqu'à la fin d'avril. Cependant les habitans de la rivière de Gènes, pour faire ce qu'ils appellent l'*huile fine*, et destinée pour la France, récoltent les olives dans le temps ordinaire ; ils disent qu'ils ont eu une mauvaise saison, si les coups de vents n'ont pas été fréquens, et s'ils sont survenus trop tard. Enfin, j'y ai vu la terre couverte d'olives qui attendaient d'être ramassées depuis un à deux mois. Aussi, quelle huile puante on en retira ! Aussi, en sortant du pressoir, elle a tous les caractères de la vétusté, de l'âcreté, de la rancidité, et une odeur détestable.

Quoique les changemens de couleur qui s'opèrent à mesure que l'olive perd sa couleur verte, ne soient pas strictement les mêmes dans toutes les espèces, cependant on remarque en général quatre nuances de couleurs. Du vert elle passe au citrin, ensuite au rouge tirant sur le pourpre, au rouge vineux; enfin, au rouge noir. Ce dernier terme est l'époque de leur véritable maturité, et par conséquent, celui de la récolte. A cette époque, les olives sont pleines de sucs, et cèdent facilement au doigt qui les presse. Si on attend plus tard, la couleur prend une teinte plus noire, l'écorce se ride, et pour peu que l'on presse le fruit, il s'écrase. Dès-lors on peut assurer que l'huile ne sera pas parfaite, qu'elle sera grasse, qu'elle s'altèrera, qu'elle se conservera peu, etc. Il y a une espèce d'olive qui devient blanche comme de la cire lors de sa maturité; une autre n'a que la couleur gris de lin; mais quelle que soit la couleur, la pression et la résistance sous le doigt indiquent la maturité en général. On doit conclure de ce qui vient d'être dit, qu'il n'y a point de jour, d'époque fixe pour la cueillette des olives; que leur maturité plus prompte ou plus retardée dépend de la saison, de l'exposition et de la nature du sol dans lequel l'olivier est planté, ainsi que de son espèce. C'est donc un abus criant de récolter dans un même jour toutes les espèces d'olives. Je ne crains pas d'avancer que jamais on n'aura de l'huile parfaite, si l'on manque le vrai terme de la récolte, et si on ne se hâte pas de cueillir avant la grande noirceur du fruit. Il vaut beaucoup mieux devancer cette époque, que de différer la cueillette.

A ce défaut déjà si essentiel, on en a ajouté un bien plus redoutable encore, parce qu'il est fondé sur un préjuge dont la conséquence est prise pour une économie. Quelques personnes séparent les olives tombées et ramassées sur terre, de celles qui sont cueillies ou gaulées sur les arbres; mais presque partout on a la détestable coutume d'amonceler ces dernières depuis le premier jour de la récolte jusqu'à la fin; c'est-à-dire, que chaque jour on ajoute un monceau, et on attend que son jour de presser soit venu. Des personnes prudentes donneraient le moins de hauteur et le plus de surface possible aux olives, afin qu'elles ne s'échauffassent pas; mais point du tout, on a dans l'angle d'un cellier, d'une remise, etc., une partie environnée de murs de tous côtés, excepté l'ouverture nécessaire au passage; ces murs d'enceinte ont environ de quatre, cinq à six pieds de hauteur, et leur étendue est proportionnée à la quantité d'olives que l'on récolte habituellement. Voilà donc les olives saines ou meurtries dûment pressées et accumulées les unes sur les autres en pyramides, autant que l'enceinte en peut contenir; et souvent elles restent dans cet état pendant huit, quinze jours, et même pendant trois semaines. Qu'arrive-t-il? Leur propre poids commence à les presser; les olives meurtries et saines s'affaissent, il coule par le bas de la masse une eau brune de couleur vineuse, dépouillée d'huile, et c'est l'eau de végétation. La sortie de cette eau annonce donc déjà un genre d'altération dans les fruits; la chaleur de chaque olive en particulier, et de la masse générale, excite la *fermentation*; elle devient forte, et si forte, que si je n'avais pas vu et bien suivi ses effets, j'aurais peine à le croire. Je plaçai dans le monceau un thermomètre à spirale, et par conséquent très-sensible. Pendant les deux premiers jours la liqueur resta stationnaire dans le tube, peu-à-peu elle s'éleva; enfin, au quinzième jour, quoique pendant tout ce temps on eût journellement ajouté au monceau, la chaleur était parvenue au 36°. degré du *thermomètre* de Réaumur, tandis que dans les plus grandes cuves remplies de raisins, et dans les années où la fermentation avait été la plus tumultueuse et la plus rapide, je n'avais jamais vu la chaleur de la cuvée monter à plus de 26 degrés du même thermomètre. Je ne revenais pas de ma surprise, et dans la crainte de quelque erreur ou accident arrivé au thermomètre, je plongeai dans le même monceau un second thermomètre, dont la marche était parfaitement semblable au premier. Le résultat fut le même, et toujours 36 degrés de chaleur. Il fallut envoyer les olives au moulin; à mesure qu'on les retirait, il s'élevait une odeur vineuse, piquante, que j'attribuai au dégagement de l'air fixe. Je fis approcher une lumière, elle ne s'éteignit pas comme si on l'eût présentée sur une cuve en fermentation, mais elle était fortement altérée; la flamme, c'est-à-dire la partie bleue de cette flamme, ne tenait plus qu'au bout de la mèche, et peut-être que si j'eusse attendu un jour de plus, l'air qui s'échappait aurait été entièrement *air fixe*, ou air mortel, ou air méphitique, tout comme on voudra l'appeler. Peut-être encore que si l'endroit qui recélait dans un de ses coins ce grenier à olives, n'avait pas été aussi vaste, aussi aéré, l'air méphitique aurait pris le dessus sur l'air atmosphérique, et l'aurait entièrement vicié. Voilà donc une grande partie du puissant conservateur des corps et de l'huile en particulier, dissipée sans retour. Ce n'est pas tout : à mesure qu'on levait ces olives agglutinées par lits, par paquets, on voyait des couches blanches de moisissure. Il est inutile de dire que l'huile que j'en obtins était détestable. Que doit donc être celle dont les olives sont amoncelées pendant des mois entiers? Avant qu'on entamât ce monceau d'olives, il s'était affaissé de plus de quinze pouces. Si on me demande pourquoi je n'avais pas agi d'après mes principes pour la fabrication de mon huile, je réponds : je voulais connaître, par ma propre expérience, les dégradations successives de qualité que les olives éprouvent, et juger plus sûrement des mauvaises qualités que des manipulations absurdes impriment à l'huile avant de les porter au moulin.

Je dis plus. La fermentation trop long-temps continuée diminue de beaucoup la quantité de l'huile, en raison de son degré de chaleur. L'expérience de comparaison est si facile à faire, qu'il est inutile d'insister sur cet objet. Somme totale, ce procédé nuit essentiellement à la quantité et à la qualité.

Si les circonstances obligent de garder les olives pendant long-temps, étendez-les ainsi que je l'ai dit, et ce qui vaut encore mieux, ayez un faux plancher percé de trous, afin d'établir, sous ce faux plancher, un grand courant d'air qui pénétrera à travers les olives et les empêchera de fermenter. Cette précaution rendra l'huile moins mauvaise, si les olives restent long-temps dans cet état.

On a poussé l'absurdité jusqu'au point d'établir des règles sur l'amoncèlement, en voici la substance : 1°. A mesure qu'on recueille les olives, on doit les enfermer dans des endroits non humides et pavés, mais jamais sur le terrain : elles contracteraient alors trop d'humidité ; il faut que la pièce soit spacieuse, relativement à la quantité d'olives que l'on y renferme, et il serait à propos qu'elle fût aérée. Dans la supposition que l'amoncèlement soit nécessaire, ces précautions sont utiles et bien vues.

2°. Si les olives sont mûres, et que l'année ait été humide, qu'elles aient été ramassées avec la pluie, il ne faut pas leur donner plus de deux pieds d'épaisseur, et il faut les porter au moulin dès qu'on en a une pressée ou deux, sur-tout si les arbres sont plantés dans un terrain gras et humide. (Article très-bon, à l'amoncèlement près.)

3°. Si, au contraire, les olives ont été cueillies vertes et par un temps sec, après une saison non pluvieuse, et dans des terrains arides, on peut les accumuler davantage, leur donner une plus grande épaisseur, et les laisser plus long-temps dans les pièces avant de les porter au moulin ; car il est certain que la fermentation procure une sortie plus libre à l'huile (cela est vrai, mais aux dépens de sa qualité), un plus grand développement de ces principes (oui, de l'air fixe, et une exaltation des principes âcres), et la dépouille des parties hétérogènes avec lesquelles elle est liée; elle diminue même l'amertume de l'huile (c'est encore vrai; la fermentation fait ici l'office d'une maturité plus que passée): mais si cette fermentation est trop considérable et trop continuée, elle rend l'huile forte (la plus légère fermentation est déjà un commencement de disgrégation de principes).

4°. Pour connaître s'il est temps de porter les olives au moulin, il faut les remuer un peu dans divers endroits; si elles fument, et qu'elles soient moites et humides, il faut tout de suite les faire moudre et presser.

Voilà le comble de la stupidité, et je ne m'arrêterai pas à combattre plus long-temps une méthode que le bon sens rendra sans retour.

Second Article de l'abbé Rozier.

Presque partout on gaule les olives comme les noix. Si le fruit n'est pas bien mûr, il tombe difficilement, et certaines espèces sont beaucoup plus tenaces que les autres. Pourquoi ne gaule-t-on pas aussi les cerises, les prunes et les autres fruits? C'est qu'en tombant la peau serait meurtrie, le fruit se gâterait promptement, et dans cet état il serait rejeté au marché, ou du moins très-peu vendu. Ce qui arrive aux fruits arrive également aux olives. Il est donc important de ne point meurtrir l'olive. D'après ce principe, comment concevoir que des coups de gaule redoublés ne meurtrissent et ne déchirent pas d'abord la texture du fruit? et comment ce fruit, par une chute accélérée et rapide peut-il venir frapper contre terre sans être endommagé? On me dira sans doute que les toiles étendues sous les arbres amortissent le coup. Le fait est vrai pour les olives qui tombent sur ces toiles; mais lorsque la violence des coups les porte au-delà, il ne se trouve plus de corps intermédiaires et mous.

Admettons, même contre l'évidence, que ces meurtrissures ne préjudicient pas à la qualité et à la quantité de l'huile, lorsque l'on porte les olives au moulin le jour suivant; mais si, suivant la coutume presque généralement adoptée, on les accumule, on les laisse s'échauffer, fermenter, la putréfaction et la rancidité seront bien plutôt établies dans un monceau dont les fruits sont altérés, que dans celui qui renferme des fruits sains.

Supposons encore qu'il soit inutile de songer à la conservation du fruit, il n'en est pas de même de celle des feuilles et des rameaux. Chaque feuille, à sa base, protège, échauffe, conserve, alaite un bouton qui, dans la suite, sera à bois ou à fruit, et l'enfance de ce bouton se prolonge près de deux ans. Or, en gaulant les feuilles, en les meurtrissant, on détruit d'un seul coup et le bouton à bois et celui à fruit, dont l'accroissement et la vie tiennent à la conservation de la feuille. Lorsque celle-ci leur deviendra inutile, laissez agir la nature, peu-à-peu elle desséchera la synovie qui nourrissait l'articulation de la feuille et conservait l'emboîtement de son court pétiole sur le rameau ou sur la branche. Le temps venu, sa mission remplie, elle tombera d'elle-même; tout secours étranger lui est funeste.

On est tout étonné de voir, à la fin de l'hiver, une grande quantité de rameaux et même des branches un peu fortes, desséchées sur la tête d'un olivier qui paraît très-sain : que l'on prenne la peine d'examiner la place où commence la dessiccation, et on trouvera à coup sûr qu'elle commence dans l'endroit où le coup de gaule a meurtri l'écorce. Il est bien aisé de distinguer cette branche de celle dont la dessiccation tient à la piqûre d'un insecte; un seul coup-d'œil suffit. Par la seule opération de la gaule on détruit donc et les boutons par les feuilles et les rameaux; et du même coup les ressources pour la récolte prochaine et pour celle de l'année d'après sont anéanties. On se plaint que la rigueur des hivers nuit beaucoup aux rameaux, et qu'elle en fait périr un grand nombre, c'est dans l'ordre naturel : une branche, un rameau chargés de meurtrissures et de plaies, dont les cicatrices ne sont pas encore formées, sont bien plus vivement attaquées par le froid que de semblables rameaux bien sains, etc.

Les cultivateurs accoutumés à gauler, regarderont ces observations comme minutieuses. Nous gaulons et nous avons des récoltes, voilà leur réponse. Mais les récoltes ne prouvent que l'excessive fécondité de l'olivier, les marques du gaulage ne sont pas moins visibles sur l'arbre, qui semble déshonoré après la cueillette du fruit. Les partisans du gaulage devraient donc ajouter que leurs arbres sont plus maltraités par le froid, et qu'une grande masse de rameaux et de feuilles sont détruits : ce fait est palpable.

Il n'y a qu'une seule bonne manière de cueillir les olives, c'est à la main, comme on cueille les cerises, les prunes, etc. : c'est la méthode suivie dans les environs d'Aix, où les oliviers sont tenus fort bas ; mais est-elle admissible dans les cantons où les oliviers sont plus élevés ? Il s'agit de s'entendre. Si on parle des oliviers d'une très-grande hauteur, comme ceux de la rivière de Gènes, etc., il suffit d'avoir des échelles vulgairement nommées *écharassons*, et dont on se sert dans une très-grande partie du royaume pour la cueillette des feuilles de *mûrier*. Il faut, dans ce cas, que l'écharasson soit léger et long, en un mot, tel qu'on l'applique communément contre les plus hauts cerisiers.

Si l'olivier est de hauteur moyenne, les mêmes écharassons, ou encore mieux de légères échelles d'engin, que l'on promène tout autour de l'arbre, donnent la plus grande facilité pour la cueillette, et quelques personnes placées sur les branches de l'arbre ramassent le fruit des rameaux du centre, en courbant doucement le sommet des jeunes branches. Je réponds et j'affirme, d'après ma propre expérience, que ce travail n'est ni plus long, ni plus coûteux que le gaulage, si toutes les circonstances sont égales; et j'ajoute qu'il est moins dispendieux, parce qu'on n'emploie que des femmes, dont la journée est de moitié moins chère que celle des hommes. Les toiles une fois tendues sous l'arbre, la femme n'a qu'à cueillir et à laisser tomber, et après la cueillette d'un arbre, plier les toiles et les débarrasser si elles sont trop chargées.

Peut-on cueillir ainsi, me dira-t-on, les fruits d'un olivier placé sur le bord d'une terre, d'un endroit escarpé, rempli de ronces, de broussailles, etc.? Que font quelques légères exceptions, de petits cas particuliers, à une marche générale? Alors cueillez, gaulez, faites comme vous pourrez. Si tous les oliviers d'un propriétaire étaient ainsi placés, il vaudrait mieux, pour ainsi dire, abandonner à elle-même une semblable olivette, parce que la levée de la récolte en devient excessivement dispendieuse.

Avant de commencer la levée de la récolte, on doit faire passer les femmes rangées les unes auprès des autres, et sur un rang de front, afin qu'elles ramassent toutes les olives déjà tombées par terre. Lorsqu'elles ont fini un rang, elles en reprennent un second également sur toute la longueur du champ, et ainsi de suite, jusqu'à la fin, après quoi la récolte commence. Ces olives exigent d'être rigoureusement mises à part, parce que l'huile qu'on en retire est détestable.

Le propriétaire vigilant suivra les femmes dans leur travail; ou du moins il aura quelqu'un de confiance qui le remplacera. Il observera qu'elles ne fassent pas à la dérobée quelques cachettes dans le coin d'un champ ou ailleurs, et surtout qu'elles ne remplissent pas d'olives leurs poches, toujours très-amples dans cette occasion. C'est avoir bien mauvaise idée de son prochain, me dira-t-on; mais pourquoi ce prochain, que je paie pour travailler et non pour me voler, me force-t-il, par sa conduite, à prévenir de ses escroqueries ceux qui sont dans le même cas que moi?

Si on a gaulé les arbres, il faut absolument faire repasser les femmes avec autant de soin qu'avant la récolte, attendu que la gaule disperse un très-grand nombre d'olives: elles seraient perdues sans cette précaution, Si, au contraire, les olives ont été cueillies à la main, il suffit que les femmes fassent le tour du pied de l'arbre et parcourent les environs de l'espace que les toiles occupaient sur le sol : ce qui est une très-grande diminution dans le travail.

Dans un article précédent, on a désigné l'époque à laquelle on doit cueillir les olives : on y voit l'abus criant de les amonceler, et la perte réelle qui en résulte quant à la quantité et à la qualité de l'huile ; j'ajoute seulement ici qu'on doit choisir, autant que la saison le permet, un beau jour pour la récolte : si le ciel est pluvieux, le travail va très-mal ; s'il est froid, comment exiger des femmes qui ont les doigts engourdis, une célérité impossible ? Il est donc important de multiplier les bras, lorsque les jours sont beaux, afin de profiter d'une circonstance heureuse, qu'on trouve difficilement dans la saison. Cette observation est importante ; lorsque l'on veut se procurer une huile de bonne qualité. La rapidité de la cueillette est moins urgente, s'il ne s'agit que de la quantité, ou si le manque de bras force à la différer. Les olives se conservent saines sur l'arbre jusqu'en avril ; mais celles qui tombent pendant ce laps de temps se pourrissent bientôt, et servent à assouvir la faim des troupeaux, que les bergers mènent furtivement dans les olivettes. Les pies, les étourneaux font de grands dégâts dans ces olivettes. Les Anciens, ou du moins un très-grand nombre, prétendaient que l'olive ainsi laissée sur l'arbre, donnait plus d'huile que lorsqu'elle était cueillie en novembre ou en décembre, et ils avaient raison : avec cette différence cependant, que l'huile des olives cueillies en février, mars et avril, avait, en sortant de la presse, un goût âcre et fort, en raison du plus ou moins de temps que la cueillette en avait été différée : j'ai suivi de très-près ces comparaisons. Si actuellement on prend la peine de calculer la perte indispensable du nombre des olives qui tombent, qui sont dévorées par les oiseaux et par les autres animaux, ou qui sont enfouies dans la terre par les pluies, on verra que la cueillette tardive n'offre aucun bénéfice, quant à la quantité d'huile, que cette huile est puante, âcre et détestable.

« L'amateur de la qualité fait cueillir chaque espèce d'olive, suivant le degré de maturité qu'elle exige pour être à son point de perfection. Ce point passé, la qualité dégénère ; c'est un fait que chacun peut vérifier par des expériences en petit et très-faciles à exécuter. C'est donc un abus que de commencer, comme certains propriétaires, à faire la cueillette générale de toutes les olives, et à mettre à part les dernières cueillies sur les arbres, pour l'huile de la provision de leur table. Si la cueillette ne dure que quelques jours, passe encore ; mais le grand propriétaire qui cueille pendant un mois entier, ne voit pas qu'après ce mois l'olive est trop mûre, et que l'huile ne sent plus le goût de fruit, et n'a ni la finesse, ni le coulant qu'elle aurait eu, si l'on avait choisi de préférence les premières olives, et mis à part les espèces les meilleures et produites par le sol le plus convenable à l'olivier. »

Quant aux olives destinées à la table, on les cueille vertes, à la main, en juin et juillet ; on les tasse dans des corbeilles sans les meurtrir, on les laisse essorer à l'air sur des draps pendant quelques jours, après quoi on les met tremper dans de la lessive des savonniers (1), pendant environ douze heures. Quand la pulpe est pénétrée on la jette dans de l'eau fraîche qu'on renouvelle jusqu'à ce que le fruit ait perdu son âcreté et soit devenu fade ; cette dernière opération dure 8 à 10 jours. Alors on les met en pots ou en barils dans une saumure chaude faite avec du sel, coriandre et fenouil. Au bout d'un mois elles sont bonnes à manger.

Quelques personnes en préparent quelques barils d'une manière différente : la méthode est la même jusqu'aux premiers jours où les olives

(1) On supplée à cette lessive par la suivante : un boisseau de cendres de sarmens ou de chêne, et un demi boisseau de chaux tamisée bien étendue dans de l'eau.

ont été mises dans la saumure qui doit les conserver : alors ils les retirent, ôtent le noyau, le remplacent par une câpre et les conservent dans d'excellente huile.

On mange quelquefois les olives à maturité parfaite, assaisonnées avec du poivre, du sel et de l'huile ; mais elles sont toujours âcres et peu agréables.

§ XXII. Oranges, Limons, Citrons. — Ces fruits, qui sont en quelque sorte devenus dans nos grandes villes aussi nécessaires et presqu'aussi communs que les pommes, nous viennent de l'étranger, car si on les cultive en France c'est comme objet d'agrément, et à l'exception des îles d'Hières l'oranger n'est en culture réglée dans aucun de nos départemens. Nous ne nous étendrons donc pas sur la manière de les récolter, et nous nous bornerons à indiquer les précautions pour les conserver lorsqu'ils nous arrivent des pays méridionaux.

Les moyens propres à conserver les citrons et oranges, dit la Chimie appliquée à la conservation des substances alimentaires (1), consiste à les tenir à l'abri de l'action de la chaleur et de l'air. Pour atteindre ce but, on les entoure de corps non conducteurs, ou bien on les plonge

(1) Un vol. in-12 de 500 pages, prix 5 fr. Se vend même adresse que l'*Art de conserver les Fruits*.

dans des substances ténues ou des liquides. On les encaisse assez communément dans du *sel commun*, dont chaque citron est soigneusement entouré. On se sert aussi de balle, de sable, de cendres, et on les enveloppe séparément dans du papier blanc.

§ XXIII. Pêche. — La saveur de la pêche est acidule, vineuse, sucrée et agréable ; ce fruit nourrit peu. Plusieurs personnes se plaignent de coliques, et sont tourmentées par les vents après en avoir mangé ; on croit y remédier en saupoudrant la pêche avec du sucre râpé. Cette ressource satisfait plus le goût qu'elle ne prévient le mal ; il vaut mieux cueillir un ou deux jours d'avance la pêche, la conserver dans la fruiterie, et la servir ensuite ; pendant ce laps de temps elle laisse échapper une grande quantité d'air, et elle ne cause plus de vents. On peut manger ce fruit simplement cuit à l'eau ou en compote.

Quelques espèces de pêches ont besoin, dans le climat de Paris, de grandes chaleurs pour acquérir une maturité parfaite. Ce sont surtout celles dont nous fixons l'époque commune de maturité à fin septembre et courant octobre. On ne doit pas hésiter à les dépouiller des feuilles qui les entourent, même pendant qu'elles sont encore toutes vertes. (*Voy.* chap. IX, au mois de *juin*, comment se pratique cette opération.) Quant aux espèces hâtives, il est nécessaire de ne les exposer aux rayons du soleil que quelques jours avant de les cueillir.

Quand ces fruits sont mûrs, ils se détachent d'eux-mêmes. Il suffit de les saisir de toute la main, et de tirer un peu à soi, sans tâter ni presser avec le pouce, ce qui les meurtrirait et les ferait gâter. Beaucoup de personnes revêtent la main d'un gant.

On distingue quatre espèces de pêches :

1°. Celles dont la chair est molle, tendre, succulente, d'un goût relevé, et qui quitte le noyau : ce sont les *pêches* proprement dites.

2°. Celles dont la chair est ferme et tient au noyau; moins succulentes que les précédentes : ce sont les *pavies* ou *alberges*.

3°. Celles dont la peau est lisse, unie, luisante, sans duvet, la chair ferme et dure, noyaux presque unis : ce sont les *brugnons*.

4°. Celles dont la peau est violette, lisse et sans duvet, et dont la chair fondante quitte le noyau.

Ces quatre espèces se divisent en nombreuses variétés, et plus de cinquante ont été classées et décrites avec exactitude.

On préfère, pour mettre à l'eau-de-vie, parce qu'elles y conservent mieux leur consistance, les *pêches de Troyes* ou *petite mignone*; la *Pavie blanche* est excellente confite au sucré ou au vinaigre; la *petite violette hâtive*, qui mûrit en septembre, doit rester sur l'arbre jusqu'à ce qu'elle commence à se faner auprès de la queue ; le *brugnon violet* musqué doit être cueilli quand il commence à se faner, et rester quelques jours dans le fruitier ; la *jaune lisse*, qu'on récolte vers la mi-octobre, peut se garder jusqu'aux premiers jours de novembre ; l'*admirable* est la meilleure de toutes les pêches ; la *persique* est la plus tardive de toutes les bonnes variétés ; la *sanguinole*, ou *betterave*, ou *druselle*, ne se mange qu'en compote.

Ordre de la maturité des Pêches dans le climat de Paris.

On doit bien sentir que cet ordre varie suivant que les lieux sont plus ou moins élevés, suivant les abris, le rapprochement du midi, la nature du sol, etc. ; mais on peut dire, en général, que les époques de maturité seront, dans ces différens cas, plus ou moins avancées, ou retardées, mais que l'ordre sera peu interverti.

JUILLET.

Avant-pêche blanche.... ; avant-pêche rouge.... ; avant-pêche jaune.

AOUT.

Madeleine blanche..... ; grosse mignonne..... ;

pourprée hâtive..... ; chevreuse hâtive..... ; bellegarde... ; alberge jaune.

Septembre.

Pavie blanche, ou Pavie Madeleine...... ; chevreuse hâtive..... ; belle chevreuse..... ; chancelière... ; pêche-cerise... ; petite violette hâtive... ; grosse violette hâtive... ; Madeleine de courson... ; pêche Malte... ; bourdine... ; admirable... ; persais d'Angoumois... ; brugnon musqué... ; teton de Vénus... ; royale.... ; belle de Vitry.... ; teint doux... ; nivette.... ; pêcher à fleur semi-double.

Octobre.

Pourprée tardive...... ; chevreuse tardive..... ; Pavie jaune... ; Pavie de Pomponne... ; violette tardive... ; jaune lisse... ; abricotée ou admirable jaune... ; violette tardive... ; betterave ou sanguinole... ; persique et pêche de Pau. Fin d'octobre et commencement de novembre.

Toutes les espèces de pêches ne sont pas également bonnes : plusieurs se plaisent plus dans un canton que dans un autre, et le grain de terre opère souvent de grands changemens sur la saveur de la chair et de l'eau du fruit. Ce sont autant d'objets que chaque particulier doit étudier, et qu'il est impossible de déterminer d'une manière précise. La perfection tient à la localité.

Cependant on peut fixer son choix sur les espèces suivantes, comme reconnues généralement les meilleures, et qui se succèdent les unes aux autres.

L'avant-pêche blanche, seulement à cause de sa primeur... ; l'avant-pêche rouge... ; la petite mignonne ou double de Troyes..... ; la pourprée hâtive.... ; la grosse mignonne.... ; la Madéleine rouge tardive... ; la pêche Malte... ; la belle-garde ou galande... ; l'admirable ; ou belle de Vitry... ; la bourdine... ; la royale... ; le teton de Vénus... ; la nivette.... ; la persique..... ; la Pavie rouge de Pomponne et toutes les bonnes espèces de brugnons et de Pavies dans les départemens méridionaux.

On sèche les pêches pour l'hiver de la manière suivante : aussitôt qu'elles sont cueillies, on les porte au four pour les amortir ; ensuite on se hâte de les fendre avec un couteau pour en enlever les noyaux. On les aplatit aussitôt sur une table, puis on les remet au four. Lorsqu'on juge qu'elles sont assez desséchées, on les retire ; on les aplatit encore et on les conserve dans un lieu sec.

§ XXIV. Pistaches. — C'est un fruit ovale, à noyau, qui renferme une amande ovale, lisse et verte. Il est assez commun en Provence et en Languedoc ; agréable au goût et peu nourrissant, et a les mêmes propriétés que les amandes douces.

§ XXV. Poires. — La poire est un fruit à pépin et charnu, qui offre dans la majorité de ses espèces une chair succulente et une eau sucrée, parfumée, aussi rafraîchissante que délicieuse: c'est une des ressources les plus abondantes pour les desserts, d'autant plus qu'un grand nombre de variétés se conservent bien pendant tout l'hiver.

On compte près de quatre cents variétés de poiriers. Nous allons indiquer quelles sont celles qu'on estime le plus, et nous indiquerons toujours, avec les qualités qui les recommandent, l'époque de leur maturité pour le climat de Paris: les personnes qui habitent le midi auront l'époque correspondante pour leur climat en calculant quinze à vingt jours plus tôt.

Amiré Jaunet, encore *Joannet* ou *petit St.-Jean*. Fin juin. Petite et médiocre.

Sept en gueule ou *petit muscat*. Saveur agréable. Forme petite. Commencement de juillet.

Muscat Robert, *poire à la reine*, *poire d'ambre*, *gros St.-Jean musqué*. Ni beurrée ni cassante, sucrée. Mi-juillet.

Aurate, *muscat de Nanci*. Demi beurrée, un peu sèche, un peu pierreuse. Fin de juillet.

Madeleine ou *citron des carmes*. Fondante, sans pierre, parfum léger. Commencement d'août.

Cuisse madame, *poire d'épargne*, dite *grosse cuisse madame*. Ces deux variétés sont sucrées, demi-cassantes. Commencement d'août.

Rousselet hâtif. Petite, demi cassante, parfumée. Commencement d'août.

Rousselet de Rheims. Très-petite, mais excellente, mollit promptement. Fin août.

Rousselet (*gros*) ou *roi d'été.* Demi-cassante, peu fine, parfumée, légèrement aigrelette. Commencement de septembre.

Blanquette ou *gros blanquet.* Chair cassante et grossière. Août.

Blanquette à longue queue. Demi-cassante, fine, et d'une saveur quelquefois cassante. Mi-août.

Ognonet, *archiduc d'été*, *amiré-roux.* Demi-cassante, souvent pierreuse, sucrée, goût rosat. Fin août.

Salviati. Demi-beurrée, quelquefois cassante, selon le sol, sucrée, parfumée. Commencement de septembre.

Orange rouge. Chair cassante, musquée et sucrée, ne doit pas mûrir sur l'arbre, où elle viendrait cotonneuse. Septembre.

Cassolette, *muscat vert*, *friolet*, *léchefriand.* Cassante, sucrée, musquée. Septembre.

Bon chrétien d'été, *gracioli.* Demi-cassante et sucrée, excellent fruit. Commencement de septembre.

Bon chrétien d'Espagne. Cette variété ne veut que des terreins légers, et a besoin du soleil du midi. Douce, sucrée, mûrit à la fruiterie en décembre.

Beurré d'Angleterre, ou simplement *Angleterre*. Très-fondante, sucrée, très-bonne. Septembre.

Doyenné, beurré blanc, St.-Michel, bonne-ente. Fondante, sucrée, dure peu. Septembre.

Doyenné crasseux ou *roux*. Qualités de la précédente, mais supérieures.

Beurré, beurré gris, isambert. Fondante, sucrée; excellente. Octobre.

Bellissime d'automne, vermillon, suprême, petit carteau. Demi-fondante, douce, relevée, sable auprès du pépin. Octobre.

Mouille-bouche, ou *verte longue*. Très-fondante, sucrée, parfumée, délicate; elle mollit promptement; tombe facilement de l'arbre. Commencement d'octobre.

Cressane, Bergamote-cressane. Beurrée, fondante, parfumée, et âpreté légère assez agréable. De novembre à janvier.

Messire-Jean. Cassante, sucrée, très-bonne. Commencement de novembre.

Beurré d'Aremberg. Sucrée, fondante; qualité excellente. Novembre.

St.-Germain. Poire excellente et très-estimée; beurrée et fondante, sucrée, vineuse; ne devient jamais molle; est quelquefois un peu pierreuse. mûrit en novembre, et se conserve jusqu'en mars et même avril.

Martin sec, rousselet d'hiver. Cassante, sucrée, bonne cuite ou crue. De novembre à janvier.

Marquise. Sucrée, beurrée, fondante. Décembre.

Virgouleuse. Sa chair est tendre, beurrée et fondante. Elle contracte facilement le goût des choses sur lesquelles elle mûrit ; l'eau est abondante, sucrée et relevée : quelques personnes lui reprochent un petit goût de cire. De fin novembre à fin janvier.

Colmart, poire magne. Beurrée fondante, sucrée. De janvier à avril.

Franc réal, ou gros micet. Excellente poire à cuire. De novembre à février.

Bon chrétien d'hiver. Sa qualité varie beaucoup selon le sol. Elle est en général très-grasse ; sa chair est fine et tendre, quoique cassante ; l'eau en est assez abondante, douce et sucrée, même parfumée ou vineuse. Excellente cuite de décembre à mars, et crue de mars à juin. Elle se mange à l'eau-de-vie.

Chaumontel, beurré d'hiver. Demi-fondante, sucrée. Février.

Livre, gros rateau gris. Bonne poire à cuire. Décembre à mars.

Catillac. Poire à cuire. Décembre à mai.

Sarrazin. Beurrée dans sa parfaite maturité, sucrée et parfumée. Excellente cuite et en compotes. Se garde presque jusqu'à l'été.

Chaptal. Fondante, sucrée-aigrelette. Janvier à mai.

Tonneau. Bonne pour compotes. Février et mars.

Louise bonne. Demi-beurrée, excellente, mais a besoin d'un terrain favorable, car elle est au-dessous du médiocre dans les terres froides et humides. Novembre et décembre.

Sucré vert. Chair très-beurrée; un peu pierreuse, sucrée et d'un goût agréable. Octobre.

Les poires d'été, quand on les cueille, doivent être posées dans un lieu frais sur des feuilles de vigne, et y rester trois ou quatre jours.

Les poires de bon chrétien d'hiver doivent être dégarnies des feuilles qui les dérobent aux rayons du soleil vers la mi-septembre. On leur donne aussi une coloration particulière par le procédé suivant: en plein soleil de midi, on se transporte vers ses poiriers avec un vase d'eau bien fraîche; armé d'un petit pinceau, on trace avec cette eau sur les poires des raies de la tête à la queue, et on est certain que si le soleil a un peu d'ardeur, toutes ces raies viendront d'un beau rouge. On peut faire la même chose au St.-Germain, à la virgouleuse, à la louise-bonne.

Les bonnes *poires tapées* se font ainsi : prenez rousselet d'Angleterre, doyenné, messire Jean ou Martin sec; pelez-les; passez à l'eau bouillante, et laissez même faire un ou deux bouillons. Avec les pelures faites une sorte de sirop sans sucre, et trempez-y vos poires, après les avoir aplaties et mises trois fois dans un four chauffé modérément. Après les avoir trempées dans ce jus de pelure, passez-les au four une quatrième fois. Alors vous les entassez dans des boîtes garnies de papier, et vous les conservez ainsi quelquefois pendant deux années.

§ XXVI. Pommes. — Les pommes crues, mangées en quantité modérée, sont un aliment salutaire pour les personnes sujettes à éprouver la soif, des coliques bilieuses, des digestions fougueuses, etc. On les considère comme demi-putrides, et on a remarqué qu'elles faisaient beaucoup de bien après l'ivresse; mais les estomacs faibles, glaireux, pituiteux, doivent en manger rarement. Cuites devant le feu, les pommes offrent un aliment aussi léger que salutaire : aussi on en forme d'excellentes compotes, marmelades, etc.

Il y a deux espèces générales de pommes : les *pommes à couteau*, qui se mangent en dessert, etc., les *pommes à cidre*, avec lesquelles on fait une boisson.

Parmi les premières, voici les plus estimées.

Calville d'été. Fruit petit, presque aussi large que haut, peau dure, rouge dans la partie exposée au soleil, d'un blanc de cire dans celle cachée sous les feuilles : elle devient promptement cotonneuse, mûrit fin de juillet, et se nomme souvent pomme Madeleine.

Calville blanche d'hiver. Fruit gras, bosselé en

côtes, peau unie, jaune pâle, et prenant le rouge vif au soleil, mûrit en décembre et se garde jusqu'en mars.

Calville rouge. Fruit gros, relevé en côtes; peau unie, rouge clair et rouge foncé. Mûrit en novembre et décembre. Se garde peu.

Postophe d'hiver. Pomme peu commune, couleur jaune et rouge-cerise foncé du côté du soleil. Est très-bonne, et se conserve jusqu'en mai et même au-delà.

Violette. Forme d'un tiers plus haute que large, et bien renflée vers la queue; peau unie brillante, rouge foncé au soleil, jaune fouetté de rouge à l'ombre. Excellente qualité. Se conserve jusqu'en mai.

Gros faros. Forme aplatie, peau unie, teinte presque partout de rouge très-foncé, et parsemée de raies rouge-obscur. Bon fruit, se conserve jusqu'à mi-février.

Fenouillet gris. Fruit petit, assez arrondi; peau rude, gris ventre de biche; un peu coloré au soleil. Mûrit en décembre et se garde jusqu'en février.

Courpendue, ou *fenouillet rouge.* Même forme que la précédente; couleur plus foncée. Se conserve jusqu'en février.

Fenouillet jaune, ou *drap d'or.* Même forme que la précédente. Lorsqu'elle approche de sa maturité, la peau devient d'un beau jaune, se teint de rouge en quelques endroits, et est partout recouverte d'un gris fauve très-léger, qui laisse apercevoir les autres couleurs. C'est une des meilleures pommes, mais elle ne se conserve pas au-delà de novembre.

Pomme de St.-Julien, ou *vrai drap d'or*. Forme grosse, bien arrondie, peau lisse d'un beau jaune d'or mat, semé de petits points bruns. Se conserve jusqu'en janvier.

Reinettes. Il y a plusieurs variétés, toutes bonnes. La reinette *hâtive* mûrit en septembre, la *blanche* en décembre, et se conserve quelquefois jusqu'en mars; la *grosse reinette d'Angleterre* se mange de décembre en février. La *franche* mûrit en février et se conserve jusqu'à la récolte nouvelle : cependant elle perd souvent avant cette époque, mais est toujours passable. La *grise* se conserve de même.

La *Pomme-poire*, qui ressemble aux reinettes grises, et qu'on confond avec elles, est d'une qualité médiocre.

La *grosse douce* et *petite douce*, pommes normandes. Reste verte, et prend au soleil des raies de rouge-brun. Mûre en décembre, elle se conserve bien.

Le *pigeonnet* est de moyenne grosseur; elle est verte et rouge et vergetée de raies rouges et rouge-foncé. Elle n'est plus bonne dès novembre.

La *pomme de pigeon* est une jolie et bonne

pomme. Elle est d'une couleur rouge léger, tiquetée de jaune et à reflet bleuâtre. Sa maturité est de décembre à février.

Les *rambour* sont toutes estimées. Le rambour *franc* fait d'excellentes compotes dans sa primeur. Son époque est septembre et octobre et pas au-delà. Le rambour *d'hiver* se mange cuit ou en compote. Se conserve jusqu'en mars.

L'*api* est la plus jolie et la plus mignonne des pommes. Elle mûrit en décembre. Comme elle supporte assez bien les premiers froids, on la laisse, à moins de froids extraordinaires, sur l'arbre jusqu'en novembre. Son principal mérite est, à ce qu'il paraît, dans sa peau, car si on enlève celle-ci, le fruit perd tout son parfum. Elle est un peu indigeste. Le *gros api* est inférieur au petit api, mais il se conserve plus long-temps.

La *non-pareille* est grosse, aplatie, d'une forme ronde assez régulière ; sa peau est vert-jaune tiquetée de brun et souvent semée de grandes plaques grises. Étant très-mûre, elle devient jaune et ridée. Elle mûrit en janvier, février et mars.

Le *capendu* est petit, rouge et rouge-noir au soleil ; il a un peu la saveur de la reinette. Se conserve jusqu'à fin mars.

Nous ne parlerons pas ici des pommes à cidre, et nous renverrons les personnes qui voudraient s'en occuper, à l'ouvrage du marquis de Chambray : *Art de cultiver les Pommiers, Poi-*

riers, et de faire des cidres selon l'usage de Normandie.

La longue conservation des pommes tient à deux choses, à la qualité du *fruitier* et à la manière de récolter le fruit. On ne répétera pas ici ce qui a déjà été dit sur le fruitier; on réitérera seulement le conseil de laisser le fruit sur l'arbre, autant que le canton le permettra (1), jusqu'au moment où l'on craint la gelée; de le cueillir par un temps sec et beau, et, s'il se peut, de ne commencer la cueillette que vers midi, afin que le soleil ait eu le temps de dissiper toute espèce d'humidité..... La coutume, trop générale, d'amonceler le fruit après qu'il a été cueilli, est ridicule; il *faut le faire suer*, vous dit-on, mais il s'échauffe, il fermente, et par là ses principes constituans sont altérés. Il vaut beaucoup mieux le ranger avec précaution dans des paniers à mesure qu'on le récolte: éviter tout froissement, toute meurtrissure, et le transporter au fruitier, où chaque pomme est rangée sur des claies, sur des tablettes, etc., sans toucher la pomme sa voisine, afin que le courant d'air entraîne toute l'humidité. C'est en plaçant ainsi les fruits, qu'on sépare tous ceux qui sont meurtris et attaqués par les vers, et on les transporte dans un autre en-

(1) La fin d'octobre est l'époque la plus ordinaire: quelques espèces, telles que l'api, peuvent rester plus long-temps.

droit, parce qu'ils ne tarderaient pas à pourrir. On ne doit point fermer les portes ni les fenêtres du fruitier pendant les premiers jours, à moins qu'on ne craigne les gelées ou un temps trop humide. Une semaine après, le tout doit rester exactement clos, au moins le vîtrage. C'est le cas dans les premiers temps de visiter souvent son fruitier afin de séparer tout fruit qui annonce quelque altération. Peu-à-peu il ne reste plus que les pommes saines, qui se conserveront très-long-temps. Les fruits gâtés servent à la nourriture de la volaille, des cochons, etc.

Nous terminerons cet article par l'indication de quelques soins et par quelques avis sur l'emploi de ce fruit.

En août, on doit découvrir l'api de toutes ses feuilles.

La parfaite maturité d'une pomme d'hiver se signale par des rides, une sorte de ratatinement.

La pomme de reinette est l'espèce préférable pour faire les beignets. Atteintes une première fois par la gelée, les pommes se rétablissent si on ne les touche pas; mais si elles sont attaquées une seconde fois, le mal est sans remède.

On fait les pommes tapées comme les poires (*Voy.* au §. XXV, page 88), à l'exception qu'on ne les pèle pas, qu'on les coupe en deux, et que c'est avec les trognons qu'on fait le jus ou sirop dans lequel on les trempe.

§ XXVII. Prunes. — Ce fruit, dont les bonnes espèces sont très-recherchées, n'est pas favorable à tous les estomacs, surtout si on le mange avant sa parfaite maturité. Mais préparé en pruneaux et brignole, il est une des bases des desserts d'hiver et offre même une ressource et un aliment sain à la classe peu riche.

L'époque de la maturité des prunes varie selon l'espèce ; nous allons en offrir le tableau, auquel nous ferons succéder la liste des espèces les plus estimées.

Époque de la maturité des Prunes (1).

Mi-juillet. Jaune hâtive ou prune de Catalogne ;... précoce de Tours,... grosse noire hâtive ou noire de Montreuil... gros Damas de Tours,... Damas rouge.

Fin de juillet. Prune-monsieur royale de Tours.

Commencement d'août. Impériale violette à feuilles panachées ;... diaprée violette.

Mi-août. Damas musqué ;... royale ;... grosse reine-Claude ;... mirabelle ;... drap d'or ou mirabelle double ;..... impériale violette ;.... mirobolan.

Fin d'août. Damas violet ;..... Damas noir tar-

(1) Ce tableau est pris dans le climat de Paris et doit varier dans les autres, suivant l'intensité de la chaleur.

dif;... Damas dronet ;.... Damas d'Italie :.... Damas de Maugeron ;.... perdrigon violet ;..... perdrigon normand ;..... jacinthe ;..... impératrice blanche.

Commencement de septembre. Petit Damas blanc;... prune suisse ;... perdrigon blanc ;... perdrigon rouge ;.... petite reine Claude ;.... abricotée ;.... bricette ;... diaprée rouge ;... diaprée blanche;... impératrice violette ; dame-Aubert ;... île verte;... prune datte.

Mi-septembre. Petit Damas rouge ,... Ste.-Catherine.

Fin de septembre. Damas de septembre, couetche , ou prune d'altesse.

Octobre. Impératrice blanche.

Choix des espèces. Parmi le grand nombre d'espèces qu'on cultive , on doit distinguer celles qui sont vraiment bonnes et excellentes à manger , et celles dont on retire du fruit un très-fort bénéfice en le convertissant en pruneaux ou en brignoles. Les autres sont plutôt un luxe de la nature, qu'un présent bien réel ; un propriétaire , même aisé , doit être plus flatté d'avoir de beaux arbres et de bonnes espèces, que de multiplier celles qui , sans une valeur décidée , n'ont de mérite que le nombre.

Les prunes bonnes à manger sont les précoces de Tours, Damas violet, Damas rouge, Damas dronet, Damas d'italie, Damas de Maugeron, prune monsieur, royale de Tours, prune suisse, perdrigon blanc, perdrigon rouge, royale, grosse reine Claude, abricotée,.... grosse mirabelle ou drap d'or..... impériale violette;..... impératrice violette:... Ste.-Catherine.

De la préparation des pruneaux. Presque toutes les prunes que l'on sert sur la table sont susceptibles d'être préparées en pruneaux : celles que l'on choisit par préférence, sont le gros Damas de Tours, l'impériale violette et l'impératrice violette. En Suisse, on sèche beaucoup d'île verte, et les pruneaux sont excellens. Ce que je vais dire de leur préparation est extrait de l'ouvrage de M. *de La Bretonnerie.*

«Pour les préparer comme il convient, on les cueille à la main dans leur entière maturité, elles ne peuvent être trop saines; celles qui sont tombées et verreuses ne sécheraient pas bien et ne valent rien. On les met d'abord au four sur des claies, sans qu'elles se touchent, après que le pain est tiré; on les change de place, et on les serre après qu'elles sont refroidies, ou bien on achève de les sécher au soleil; car si on les mettait plusieurs fois au four, elles ne seraient plus moelleuses, et elles deviendraient trop sèches; on les serre dans des boîtes à l'abri de toute humidité. Quand on en achète, on doit choisir les pruneaux nouveaux, moelleux, tendres et charnus. Ils se gardent deux ans et davantage.

« La préparation des *brignoles* est la même que celle des pruneaux, avec cette différence cependant : on n'emploie que le perdrigon violet (qui est fort beau et très-sucré au village de Brignoles en Provence, où l'on a inventé cette préparation) ; on passe ces prunes à l'eau chaude ; ensuite on les pèle ; on les fend en deux pour en ôter le noyau ; on les met au four, etc. (1) »

§ XXVIII. Raisin. — Le raisin bien mûr est légèrement laxatif ; il excite l'appétit et fait ordinairement du bien aux poitrines échauffées : on le permet presque toujours aux convalescens et même fort souvent aux malades.

(1) *Méthode pour conserver en hiver un Prunier vert et frais avec ses feuilles et ses fruits, au milieu d'un jardin ou d'un champ.* (Extraite du *Journal économique* de 1764.)

Comme on n'a pas essayé cette méthode, on se contente de la transcrire, sans se permettre aucune réflexion, quoique le succès en paraisse douteux. « Choisissez dans votre verger un prunier bien chargé de fruits; entourez-le d'un treillage de bois formé de lattes et de contre-lattes, et couvert de même : couvrez ce treillage de foin bien sec et de l'épaisseur de huit à dix pouces, ou même davantage, de manière que tout le treillage ne ressemble plus qu'à un tas de foin : il faut observer que les prunes de l'arbre choisi pour cette opération ne soient pas entièrement mûres, mais qu'elles commencent seulement à devenir un peu bleues. On laissera au bas du treillage une ouverture à pouvoir passer le corps, laquelle on fermera d'une ou deux planches que l'on couvrira de foin comme le reste de l'ouvrage : s'il tombe de la neige sur le foin, il ne faut pas l'enlever, parce qu'elle conserve la chaleur intérieure qui maintient la fraîcheur et la verdure de l'arbre, et au moyen de laquelle les prunes parviennent peu-à-peu au point de leur maturité, de manière qu'au milieu de l'hiver vous pouvez en entrant sous le treillage cueillir des prunes toutes fraîches avec des rameaux verts.

Pour compléter la maturité des raisins qui sont destinés à la table, on doit abattre les feuilles qui enveloppent trop les grappes, mais on ne doit prendre cette mesure, dit La Bretonnerie, qu'avec beaucoup de discrétion et seulement vers la mi-septembre. Laissez-le couvert de ses feuilles tant que le soleil est brûlant et que le raisin n'est pas mûr ; mais quand il approche de sa maturité, qu'il est clair et transparent, découvrez-le peu-à-peu de quelques feuilles, et entièrement même s'il est tout-à-fait mûr, pour lui faire prendre une belle couleur, surtout s'il survient des pluies froides. (*Voy.* au chapitre IX, le mois de *Septembre.*)

Comme tous les fruits, le chasselas doit être récolté par un beau temps et après que le soleil a dissipé la rosée. Il y a des personnes qui attendent jusqu'aux premières gelées pour faire cette opération, mais alors elles préservent leurs treilles des ravages des oiseaux et des insectes, soit en les couvrant de filets à mailles serrées, soit en renfermant chaque grappe dans un sac de papier ; ceux de crin ou de canevas sont préférables : le raisin y est toujours meilleur.

Voici les procédés pour conserver le raisin au fruitier indiqués par La Bretonnerie.

« Il y a plusieurs manières de conserver le raisin pour l'hiver : les uns le suspendent à des solives garnies de clous ou de cerceaux ; avec des fils qu'on attache aux grappes, au bout qui est opposé à la queue, afin que les grappes étant ainsi renversées, les grains se touchent moins. D'autres se conservent dans des tonneaux sur de la fougère bien sèche, lit par lit, ou dans des boîtes de boissellerie, ou boisseaux bien recouverts. D'autres encore l'enferment dans des armoires où il n'a point d'air, et où il se conserve bien : mais si l'on a une plus grande quantité de raisin qu'elles ne sauraient contenir, la meilleure manière, quand la fruiterie est bonne, c'est-à-dire lorsqu'elle est sèche et bien close, c'est de poser au milieu une ou plusieurs échelles doubles, sur les échelons desquels on pose en travers d'autres petites échelles simples, depuis le bas jusqu'en haut, ou seulement des bâtons, treillages, ou des échalas, d'un échelon à l'autre, en dedans des échelles, et jusqu'à la hauteur de la main, on suspend les grappes sur tous les échelons et bâtons, ce qui forme une pyramide de ces raisins, qui ne se touchent en aucun endroit, se conservent très-bien pendant un très-long temps dans l'hiver, et sont aisés à cueillir pour l'usage. Enfin, quelques-uns le suspendent dans les sacs de papier : il y est à l'abri de la poussière. D'autres coupent des branches au-dessus de l'endroit où on les taillera, et suspendent ainsi plusieurs grappes dans un endroit bien clos, en les attachant à des cerceaux. Il y en a enfin qui les laissent à l'espalier tout l'hiver, en les revêtissant de bonne heure de deux sacs, l'un de papier et l'autre de toile cirée bien clos, chacun suivant son goût, sa commodité ou les circonstances particulières. »

On lit dans un *Dictionnaire d'Agriculture* nouvellement publié sous la direction de M. François de Neufchâteau :

« On laisse dans plusieurs vignobles le raisin aux vignes quelque temps après sa maturité. Cette habitude a pour but de lui faire perdre une partie de l'eau surabondante qu'il contient. On a même imaginé de l'enfermer dans des sacs de crin ou de papier huilé, afin de le soustraire aux ravages des oiseaux, qui en sont très-friands.

» Ces moyens, utiles pour le moment, ne laissent pas que d'avoir leurs inconvéniens. Le raisin ainsi traité a beaucoup plus de peine à se garder. C'est dans les fruitiers que celui de treille doit se perfectionner. Si on le laisse exposé aux premières gelées, son enveloppe se durcit et lui transmet un goût désagréable.

Il faut, pour cueillir, choisir un beau jour, et faire en sorte de le rentrer sec au fruitier. On le coupe avec une serpette bien effilée : on détache les grains attaqués de pourriture ; on étend légèrement les grappes sur des claies garnies d'un lit de mousse très-sèche. On ménage entre elles une certaine distance ; on les transporte à la maison

9*

avec tous les ménagemens possibles, et on les abandonne à elles-mêmes jusqu'au lendemain qu'on les expose de nouveau au soleil avec les mêmes précautions. Quelques heures après on les retourne et on les range ensuite dans le fruitier. De toutes les méthodes qui tendent au même but, celle-ci est la plus simple et la plus sûre lorsque les circonstances permettent de l'employer. Dans le cas contraire, voici celles auxquelles on peut recourir.

On suspend les grappes à des gaulettes de bois très-sec, de manière qu'il n'y ait entre elles aucun point de contact : ce qu'on fait au moyen d'un fil qu'on attache au petit bout.

On garnît l'intérieur d'une ou plusieurs caisses de gaulettes ou de ficelles qui soutiennent les grappes rangées isolément, et on les ferme, on lute les jointures avec un enduit de plâtre. Cela fait, on transporte les caisses à la cave, et on les recouvre de plusieurs couches de sable fin très-sec. Le raisin, traité de cette manière, se conserve très-long-temps ; mais une fois entamées, les caisses veulent être consommées de suite.

On prend des cendres bien tamisées, qu'on détrempe avec de l'eau en consistance de bouillie claire ; on plonge dans celle-ci les grappes à plusieurs reprises, jusqu'à ce que la couleur des grains ne s'aperçoive plus. On les range alors dans une caisse entre deux lits de cendres sèches ;

on les charge d'un second rang qu'on recouvre d'une nouvelle couche de cendres, et ainsi de suite alternativement. La boîte remplie, on la ferme soigneusement, on la dépose à la cave, où elle reste jusqu'au moment de l'ouvrir. Le fruit, pour être servi, n'a besoin alors que d'être plongé plusieurs fois dans l'eau, qui lui rend la fraîcheur qu'il avait au moment de la récolte.

La paille bien sèche peut répondre au même objet; mais comme elle est plus accessible aux animaux destructeurs, il est bon d'en garantir les grappes à l'aide de précautions compliquées. Elles se conservent parfaitement sur une planche, recouvertes d'un vase creux, de verre ou de faïence, ou mieux de cloches à melon. Le son, la farine, le sable fin, en un mot, tout corps hygrométrique qu'on dispose de manière à les dérober au contact de l'air, est susceptible d'en opérer la conservation.

Tout le monde connaît l'utilité du raisin, et nous n'avons pas besoin de rappeler que son jus est nécessaire à la confection du raisiné; que les raisins secs (*voyez* au §. VI, article CERISES) figurent dans les meilleurs desserts, et que les confitures de raisin cuit sont aussi salubres que succulentes. Nous ne parlons pas ici du vin; tout le monde connaît son origine, et il n'entre pas dans notre sujet de parler des vendanges qui, d'ailleurs, seront l'objet d'un traité particulier.

§ XXIX. Verjus, Bourdelas. — C'est une espèce de raisin dont les grains sont gros, oblongs, la peau épaisse, la grappe très-grosse. Il mûrit rarement dans le climat de Paris. On le cueille lorsque les gelées se font craindre, et on en fait d'excellentes confitures, une liqueur recherchée; on le conserve encore dans de l'eau-de-vie, comme cerises, les prunes, etc., etc.

Quand il est encore dans toute sa verdeur, il est fréquemment employé en cuisine pour l'assaisonnement de certaines sauces; mais alors toutes les espèces de raisin peuvent être indistinctement employées.

Le jus du bourdelas mêlé avec de l'eau et suffisamment sucré offre une boisson astringente et rafraîchissante.

CHAPITRE VI.

De la Manière de poser les Fruits au fruitier pour les conserver, et de quelques précautions usitées pour les préserver de la gelée.

Les pommes se posent sur l'œil, la queue en haut.

Les poires, *idem.*

Les pêches, sur la queue.

Les figues, sur le côté, entourées d'une feuille de vigne.

Le raisin est fort bien suspendu, surtout si on le pend la queue en bas.

Les coings et nèfles doivent être posés sur la paille. Ces dernières peuvent être rangées par lits peu épais et recouverts. Quant aux premiers, il faut se garder de les déposer dans le fruitier général.

Les noix, noisettes, châtaignes doivent être en tas, après qu'on les a bien fait sécher.

Les grenades aiment à être suspendues avec la branche qui les a portées et vues murir.

Quand le fruitier est une cave ou pièce voûtée, il n'y a pas besoin de couvrir le fruit pendant la gelée : il suffit de bien boucher les soupiraux et issues.

Dans les fruitiers placés aux étages supérieurs, il faut, aux approches des grandes gelées, couvrir le fruit de paille ou de papier, même d'une couverture de laine, mais de préférence de paille de regain. Beaucoup de fruitiers des environs de Paris recouvrent la paille qu'ils ont jetée sur le fruit avec un drap mouillé. (*Voyez* à l'article *Pomme* ce qui est dit des pommes gelées.)

CHAPITRE VII.

Des Précautions à prendre en emballant le Fruit qui doit voyager, et du Mode à préférer pour le transporter.

Quand on envoie du fruit au loin, les poires et les pommes peuvent être entassées dans des paniers bien garnis de regain ou de paille tout autour et par le dessus, qu'on retient un peu ferme avec une toile par-dessus le tout, ou sans cela avec de la ficelle ou des osiers. Plus ces fruits seront serrés et mieux ils supporteront les cahots d une voiture ; ils seraient encore mieux à somme sur des chevaux ou ânes, ou par eau, ou portés sur le dos dans des hottes. On en envoie de Rouen à Paris dans des tonneaux qui en sont remplis, lits par lits, avec du son et renfoncés ensuite ; elles supportent fort bien le transport, et se conservent ainsi à la cave, en ayant le soin de recouvrer le tonneau à mesure qu'on en prend.

Mais les fruits délicats ne peuvent être transportés que sur le dos ou par eau. Si ce sont des pêches, dans des paniers ou des hottes ; il faut qu'elles soient posées sur la queue, enveloppées chacune d'une feuille de vigne, pour qu'elles ne se touchent point et ne puissent branler de leur place. On les couvre d'une bonne quantité de mousse ou de feuilles, si on veut en faire un second lit, et de même par le dessus avec un linge bien attaché qui enveloppe et contienne bien le tout.

Les figues s'arrangent de même enveloppées *chacune d'une feuille de vigne*, dans laquelle on les couche sur le côté, dans de petites corbeilles plates, de deux pouces seulement de profondeur, où l'on n'en met qu'un lit, la corbeille bien garnie de feuilles par le dessous et le dessus, qu'on recouvre ensuite d'une feuille de papier bien bordée autour de la corbeille, et retenue encore au moyen d'une petite ficelle, afin que les figues ne puissent pas se déplacer.

Les belles prunes de reine-Claude, choisies vertes d'un côté, rouges de l'autre et bien fleuries, s'arrangent de même dans des corbeilles, ou dans des paniers où l'on peut en faire plusieurs lits. Mais les prunes communes se mettent les unes sur les autres sans tant de façons.

Nos paysans qui apportent des fraises, rangées en bahu, dans des petits paniers faits exprès, garnis de feuilles dans le fond et tout autour, ont soin de les couvrir de linges mouillés : ils en portent comme cela plusieurs sur ce qu'on appelle des *éventaires* ou *grandes mannes plates*, recouvertes encore d'un grand linge.

On transporte le raisin comme les pêches quand il est beau et élité, ou comme les prunes ordinaires quand il est commun.

CHAPITRE VIII.

Des Outils et Instrumens nécessaires pour la récolte et conservation des Fruits.

Écharasson, ou échelle simple. C'est un montant de bois de frêne ou d'ormeau, dans lequel sont passés des échelons fixés par le milieu. Le haut du montant peut être armé d'une sorte de crochet ou crampon. Le bas est quelquefois garni d'une sorte de talon ou éperon incliné qui permet de fixer l'écharasson d'une manière solide.

Echelles doubles de diverses grandeurs, ou simplement *échelles à pied*, *Bancs*, etc.

L'échelle du jardinier fruitier, pour cueillir les fruits sur les grands arbres à plein vent, est longue de vingt pieds et étroite, n'ayant que six pouces de large ou de longueur d'échelons en-dedans des bras, ou la place d'un pied seul, afin de la rendre plus légère et transportable : c'est pourquoi on la fait ordinairement de longues perches de bois d'aulne, qui sont droites, et dont le poids est plus léger ; les échelons toujours en chêne. Les pieds doivent être fort pointus pour entrer beaucoup dans la terre, et la rendre plus ferme et point sujette à tourner.

Le *banc*, ou marche-pied de jardinier, tant pour cueillir les fruits que pour tailler et palisser, est un bout de planche de deux pieds de longueur sur huit pouces de largeur ; il est percé aux deux bouts pour y mettre des pieds écartés du bas pour le rendre plus solide ou moins branlant, et qui soutiennent la planche ou le banc à deux pieds perpendiculaires de hauteur. On cloue des bouts de lattes sous les pieds, afin qu'ils n'entrent pas dans la terre.

Il y a de grands marche-pieds de trois ou quatre pieds de long, et quatre pieds de haut, sur lesquels on monte au moyen de quelques échelons qui y tiennent, et sont passés dans les pieds ; ils sont plus commodes que nos échelles doubles pour cueillir les fruits sur les arbres isolés, dont la hauteur commence à être considérable.

Brosse ou vergette, propre à brosser les fruits qui ont besoin de cette précaution : elle ne doit être ni assez dure pour entamer la peau, ni assez molle pour ne pas enlever la poussière que l'humidité a collée sur les fruits.

Paniers-corbeilles : les plus convenables pour cueillir les fruits, où l'on puisse les étendre sans qu'ils se meurtrissent et sans les entasser, en garnissant le fond de deux rangs de feuilles de vigne, doivent avoir deux pieds de longueur sur seize pouces de largeur, un bord de quatre pouces et demi, et une anse au milieu. On peut les servir même sur la table quand ils sont faits proprement en osier blanc, en y rangeant les pêches à côté les unes des autres, et non l'une sur l'autre, ou bien en posant sur ces paniers d'autres petits paniers. Ces *petits* paniers ont sept pouces de long sur quatre de large, sans autre bord qu'un simple osier tournant autour, et faisant partie des susdits paniers : ils contiennent chacun huit pêches, six de rang et deux dessus, avec des feuilles entre deux. On a encore des corbeilles plus petites quand on n'a pas beaucoup de pêches ou autres fruits ; elles seront suffisantes alors de onze pouces de longueur sur sept à huit pouces de largeur, pour contenir dix-huit pêches, et n'ont aussi qu'un demi-pouce de bord. Nos paysans ont une espèce de panier, ou plutôt un plateau d'osier sans bords, pour ne pas meurtrir les fruits, sur lequel ils placent seize paniers garnis de fruits comme on l'a dit ci-dessus, et couvrent le tout d'une nappe pour les transporter sans risques. C'est ce qu'ils appellent un *noguet ;* les femmes les portent sur leur tête à la halle. Le noguet, pour contenir seize paniers secondaires, doit avoir deux pieds quatre pouces de long, sur un pied six pouces et demi de large, avec une anse peu élevée au milieu ; ils sont arrondis par les coins.

Les autres paniers du jardin fruitier sont les paniers à bras, pour cueillir les pommes et les poires d'hiver, et des paniers à charger des chevaux, qui sont trop communs pour en donner les mesures.

Gaules. Pour récolter les noix et amandes, on se sert de longues branches de bois ou gaules : il faut qu'elles soient légères et assez flexibles à leur extrémité. Leur légèreté est surtout nécessaire pour que celui qui s'en sert puisse être maître de ses mouvemens, et ménager les branches, boutons, etc. On se sert aussi de gaules dont l'extrémité est terminée en petite fourche à trois branches : on y fait doucement tomber les fruits mûrs qu'on ne peut atteindre autrement.

Mousse. Une mousse fine et bien sèche, exposée au soleil ardent de l'été avant de servir, est extrêmement nécessaire dans une fruiterie : c'est le meilleur lit sur lequel on puisse poser le fruit.

CHAPITRE IX.

Calendrier de l'amateur des Fruits, ou Indication des soins à prendre chaque mois pour hâter, retarder ou conserver la récolte.

Un amateur de fruit peut abandonner à son jardinier le soin de gouverner ses arbres ; mais il doit surveiller ses fruits, et ne s'en rapporter qu'à lui-même pour ces petits soins qui ont pour but d'améliorer la qualité, de hâter la maturité et d'assurer la conservation.

Janvier.

Se hâter de consommer la pomme de Drap-d'or ou reinette dorée, et la reinette de Canada. Cependant cette dernière peut se conserver jusqu'à Pâques, si elle a été cueillie un peu verte vers la Notre-Dame de septembre. Maturité du bon chrétien d'hiver, qui, jusqu'alors, n'a pu être mangé que cuit.

Février.

Maturité de la reinette grise, et vrai moment de commencer à manger l'api, qui se maintient jusqu'en avril.

Mars.

Les fruits bons à manger, outre le bon chrétien, la reinette grise et l'api, indiqués dans le mois précédent, sont, la poire muscat, le Catillac, le franc Réal, la poire de livre, bergamotte de Hollande, etc.

Avril.

Dans les années hâtives, éclaircissez vos jeunes

abricots quand ils sont trop serrés et par paquets : on retranche les plus petits, les plus mal faits, et on laisse de préférence ceux du bas des branches. Avant de tirer à soi, il faut faire tourner sur sa queue le fruit qu'on veut ôter. Ces fruits arrachés forment une compote assez médiocre. On peut en confire au vinaigre.

Mai.

Continuation des soins à donner aux abricotiers trop chargés de fruits. Si on a des cerisiers précoces, en espaliers et en bonne exposition, on peut espérer du fruit nouveau pour la fin du mois. Fraises dans les plans bien abrités.

Juin.

Cerises précoces à cueillir. Fraises ; commencement des groseilles et framboises. Éclaircissement des pêches avec les précautions indiquées pour les abricots (*voy.* Avril) ; mêmes soins pour les poires (excepté le rousselet et autres d'*été*), et pour les prunes : la Reine Claude perd de sa qualité quand l'arbre est trop chargé. On doit éclaircir les grappes de muscat, qui, trop serrées, ne mûrissent pas bien : il faut attendre que le grain soit de la grosseur d'une tête d'épingle ; cette opération se fait avec des ciseaux très-pointus, et on enlève les deux tiers, et même jusqu'aux trois quarts des grains.

Une opération importante, qui se commence dans ce mois et se continue dans le suivant, est de découvrir les fruits trop entourés de feuilles. On ne doit agir que peu-à-peu. On n'abat pas les feuilles entières avec leur talon et pédicule, ce qui nuirait; on les casse dans le milieu en les serrant entre deux doigts, et en les tirant promptement en tournant. On ne doit faire cette opération qu'après quelque petite pluie, et jamais dans la sécheresse et grande chaleur. Cette opération, qui est très-bonne, est nuisible faite mal-à-propos; il faut attendre que le fruit soit près de sa maturité. On commence, dans ce mois, par les abricots, la pêche de Madeleine, et les pêches tardives.

Moment de confire les noix et de faire le ratafiat de brou.

Commencement des amandes et des mûres en année hâtive. Cueillette des olives destinées à être préparées pour la table.

Juillet.

Maturité des cerises à courte queue, bigarreaux, etc., mûres, poires petit muscat, aurate, blanquette, abricot précoce, avant-pêche, prunes hâtives, et damas de Tours, groseilles, framboises, poire de cuisse madame, et quelquefois, vers la fin, poires de Madeleine, etc. Continuez à découvrir de ses feuilles l'abricot hâtif comme il est dit au mois précédent : peu après le gros abricot, la pêche petite-mignonne. On s'occupe ainsi d'éloigner un peu des murs les branches d'abricotiers en espalier, chargées de fruit : on les soutient par un petit support : l'air, les rayons solaires peuvent jouer autour du fruit, et la maturité s'opère mieux. Continuation de la récolte des olives destinées à la table.

Aout.

Commencement de la maturité des raisins ; ne cueillez que celui que vous voulez servir sur table ; mais laissez sur le cep celui qui est pour la réserve. Continuation des prunes, abricots, poires, pêches et figues.

La Grosse pomme est excellente pour faire des compotes ; découvrez la pêche grosse-mignonne, et autres dont la maturité approche. Même opération à la poire de bon chrétien d'hiver et aux pommes d'api. Mangez les cerneaux et servez les amandes et noisettes fraîches.

Septembre.

Continuation des pêches et prunes : celles de Sainte-Catherine commencent seulement à mûrir.

Commencez à découvrir à demi de leurs feuilles vos raisins de treille, mais seulement quinze jours avant maturité; il n'est pas nécessaire, comme aux pêches, etc., de couper la feuille à moitié : ici toute la feuille tombe, et on ne laisse que la moitié de la queue. Continuation de cette précaution pour les bons chrétiens d'hiver et api.

Cueillez de la reinette dorée, de la grosse de Canada pour les garder; récolte des noisettes, et vers les derniers jours, des noix. Dans les années sèches, récolte du beurré et du doyenné vers le 15; vers le 30, dans les années humides et froides.

Commencement de la maturité des oranges et quelquefois des châtaignes et azeroles.

Octobre.

Vendanges, fin des pêches, la pavie et la persique. Récolte des raisins de provision, des messirejean, crezane, bergamote d'automne, Saint-Germain, calville, et, en général, de tous fruits d'hiver. On commence vers le 15, dans une année sèche et chaude; vers le 30, en cas contraire. Le bon chrétien peut se retarder de huit à dix jours, et l'api jusqu'aux gelées. On rentre les châtaignes, azeroles, les nèfles; les coings ne doivent être rentrés que si l'on craint des gelées précoces. Consommation des groseilles empaillées.

NOVEMBRE.

Consommez la crezane, la bergamotte, la marquise, la merveille d'hiver, le chaumontel, la royale d'hiver, le Saint-Germain, etc.

Récolte des olives pour huile; c'est aussi l'époque ordinaire de la rentrée du coing.

La poire de colmar, la calville rouge commencent à être bonnes à servir.

Consommation des groseilles empaillées.

DÉCEMBRE.

Consommez les poires de colmar, virgouleuse, beurré d'hiver ambretée; les pommes de fenouillet, drap d'or, court-pendu, reinette dorée, calville rouge. Les châtaigniers et les reinettes du Canada sont excellentes cuites.

Fin de la récolte des olives pour fabrication d'huile.

FIN.

TABLE DES MATIÈRES.

FIN DE LA TABLE.

BIBLIOTHÈQUE DU CULTIVATEUR

ET DU PROPRIÉTAIRE RURAL.

Depuis long-temps on ne fait sur l'Agriculture et l'Économie rurale que de gros livres, où certainement il y a beaucoup de science, mais aussi qui coûtent beaucoup d'argent. Il en résulte que tel Cultivateur qui n'a besoin que de quelques avis pour soigner ses prairies ou exploiter ses bois, se trouve forcé d'acheter vingt ou trente chapitres qui traitent d'objets qui ne lui importent guère et qui lui seront toujours étrangers. Notre but est de diviser la science de l'Agriculteur en un certain nombre de petits traités qui réuniront toutes les connaissances acquises jusqu'à ce jour. Ces petits traités, dont le prix variera, selon leur volume, de 20 à 30 et 40 sols, se vendront tous séparément.

Les premiers qui ont paru sont :

L'Art de récolter et de conserver les Fruits. 1 fr. 50 c.

L'Art de se chauffer économiquement, d'éviter la fumée, et de chauffer le four . . . . 1 fr. 50 c.

L'Art de soigner les chiens, d'en améliorer les races, de dresser les chiens de berger, de chasse, de garde, etc. . . . . 1 fr. 50 c.

L'Art d'employer, de conserver et de préparer toutes les sortes de bois pour les livrer avantageusement au commerce . . . . 1 fr. 50 c.

L'Art de conserver les légumes pendant l'hiver. 50 c.

T... rriga- 50 c.

www.ingramcontent.com/pod-product-compliance
Ingram Content Group UK Ltd.
Pitfield, Milton Keynes, MK11 3LW, UK
UKHW021059260726
13994UKWH00002B/592